装配式建筑物流管理及成本分析

方　媛　著

中国建筑工业出版社

图书在版编目（CIP）数据

装配式建筑物流管理及成本分析/方媛著. —北京：中国建筑工业出版社，2018.8
ISBN 978-7-112-22487-6

Ⅰ.①装… Ⅱ.①方… Ⅲ. ①建筑工程-装配式构件-物流管理-研究②建筑工程-装配式构件-物流-成本分析-研究 Ⅳ.①TU71②TU3

中国版本图书馆 CIP 数据核字（2018）第 171102 号

本书通过对装配式建筑工程现场的实地调研，对施工阶段物流过程各个环节进行分析，并利用基于活动分析法（Activity-Based Costing approach）对物流环节的人、材、机消耗量进行归纳，建立了装配式构件物流模型用以模拟整个预制构件物流过程，并基于各项物流活动资源消耗量构建工程物流成本模型，确定影响物流成本的主要因素，为装配式构件生产厂商、物流配送单位和工程施工承包商之间制定相互协同的动态物流计划、生产计划和施工计划提供依据，辅助上述三方进行有效物流活动预测和物流规划决策，避免因装配式构件的过量存储或供货短缺所引起的成本超支和工期延误等问题。

本书将有利于增强工程管理人员对工程物流活动及其费用构成的认识，同时有助于施工承包商发现降低施工过程成本和能耗的途径。

责任编辑：于 莉
责任校对：焦 乐

装配式建筑物流管理及成本分析
方 媛 著
*
中国建筑工业出版社出版、发行（北京海淀三里河路 9 号）
各地新华书店、建筑书店经销
北京佳捷真科技发展有限公司制版
北京市密东印刷有限公司印刷
*
开本：850×1168 毫米 1/32 印张：5 字数：133 千字
2018 年 8 月第一版 2018 年 8 月第一次印刷
定价：**25.00** 元
ISBN 978-7-112-22487-6
（32551）

前　言

装配式建筑是建筑工业化的主要形式，它是将生产工厂预制的构件运至工地装配而成的建筑。这种建筑的优点是建造速度快，受气候条件制约小，节约劳动力并可提高建筑质量。建筑工业化通过预制技术实现住宅建设的高效率、高品质、低资源消耗和低环境影响，具有显著的经济效益和社会效益，是当前住宅建设的发展趋势。随着改革开放和房地产行业的快速发展，我国住宅工业化发展取得了长足的进步，建筑工业化的实践进入了新的发展时期，而施工过程的增效也成为建筑业界关注的焦点。2017年9月，《中共中央国务院关于开展质量提升行动的指导意见》再次明确："因地制宜提高建筑节能标准，大力发展装配式建筑"，装配式建筑与超低能耗建筑的结合，已然成为我国建筑业科学发展的必然趋势之一。然而，由于建筑业施工过程的特殊性，即使在实施装配式建筑的工程中，由于大量工程材料和预制构件的流通过程非常繁杂，工程实施过程的物资流转效率往往低于工业生产过程的物流效率。建筑工程项目的低效管理严重影响工程项目的顺利实施，导致成本的上升和工期的拖延，并引发争议和诉讼。各项研究表明，施工过程的高效管理，尤其是对工程材料物流过程的有效控制，是提高建筑业劳动生产率和节能降耗的重要途径。

工程物流注重工程材料的计划、组织、协调和控制，以最大化施工过程工作效率为目标。由于建设工程项目的复杂性和多方参与性，工程项目管理人员往往很难确定一个最优和可靠的物流管理计划，大量的外在因素对工程项目的信息流和物流都存在着不同的影响。此外，工程材料费在工程造价中占了很大比重，而其中除了工程材料直接生产成本外，其流转过程的物流费又是工程材料费的主要部分。如果不经过精细的计划和控制，工程材料物流费和能耗将可能大幅度增加。因此，理顺工程物流过程各项活动构成，探寻影响工程物流成本的主要因素，并以成本为优化目标，对工程各项计划进行协同和动态调整是非常必要的。然而，目前对工程施工阶段物流过程各方面问题的研究往往针对物流某一方面的问题，缺少从整体工程物流角度对工程物流时间边界、空间边界和角色边界进行定义以及对各项物流活动和物流参与方工作的协同分析。

为了更深入地分析装配式建筑物流过程，本书通过对装配式建筑工程现场的实地调研，对施工阶段物流过程各个环节进行分析，并利用基于活动的成本分析法对物流环节的人、材、机消耗量进行归纳，建立了装配式构件物流模型模拟整个预制构件物流过程，并基于各项物流活动资源消耗量构建工程物流成本模型，确定影响物流成本的主要因素，为装配式构件生产厂商、物流运输单位和工程施工承包商之间制定相互协同的动态物流计划、生产计划和施工计划提供依据，辅助上述三方进行有效的物流活动预测和物流规划决策，避免因装配式构件的过量存储或供货短缺所引起的成本超支和工期延误等问题。本书将有利于增强工程管理人员对工程物流活动及其费用构成的认识，同时有助于施工承包商发现降低施工过程成本和能耗的途径。

本书的研究获得了国家自然科学基金的资助（项目编号：51608132），在此殷切致谢！

方媛

2018 年 6 月

目 录

第 1 章　绪论

1.1　装配式建筑发展背景

装配式建筑是指把建筑需要的墙体、叠合板等预制构件，在企业车间按标准生产好，将预制构件运输到施工现场并通过机械进行拼接安装的建筑种类，通俗的理解就是“拼积木”式的建筑，其主要分类有预制装配式混凝土结构（PC 建筑）、钢结构、现代木结构等。从施工效率方面来看，一栋 30 层的建筑，使用装配式建筑技术 12 个工人仅需 180d 就能完成，与传统施工相比功效至少快 30%，另外，装配式建筑具备绿色、高效等特征，是传统建筑行业向工业化制造升级的必然方向。

在制造业转型升级的大背景下，中央层面持续出台相关政策推进装配式建筑，2016 年 9 月 14 日，李克强总理主持召开国务院常务会议，决定大力发展钢结构等装配式建筑，推动产业结构调整升级。此后在《关于大力发展装配式建筑的指导意见》、《国务院办公厅关于促进建筑业持续健康发展的意见》等多个政策中明确提出“力争用 10 年左右时间使装配式建筑占新建建筑的比例达到 30%”的具体目标。其中提出要以京津冀、长三角、珠三角三大城市群为重点推进地区，常住人口超过 300 万人的其他城市为积极推进地区，其余城市为鼓励推进地区，因地制宜发展装配式钢结构等装配式建筑，这标志着装配式建筑正式上升到国家战略层面。

2017 年 3 月 23 日，住房和城乡建设部印发《“十三五”装配式建筑行动方案》、《装配式建筑示范城市管理办法》、《装配式建筑产业基地管理办法》，《“十三五”装配式建筑行动方案》明确提出：到 2020 年，全国装配式建筑占新建建筑的比例达到 15%以上，其中重点推进地区达到 20%以上，积极推进地区达到 15%以上，鼓励推进地区达到 10%以上。到 2020 年，培育 50 个以上装配式建筑示范城市，200 个以上装配式建筑产业基地，500 个以上装配式建筑示范工程，建设 30 个以上装配式建筑科技创新基地，充分发挥示范引领和带动作用。

从全球来看，2016 年全球装配式建筑市场规模约 1600 亿美元，其中欧美地区为主要市场，合计占比高达 46.1%，虽然我国装配式建筑起步较晚，至今不过十几年的发展历程，但自 2013 年以来，行业在政策的推动下，进入了快速发展的阶段，2016 年中国装配式建筑市场规模超过 400 亿美元，较 2015 年增长了 3.92 倍。

1.1.1 装配式建筑国内外发展历程

1. 国外发展史

建筑工业化的基本理论于 20 世纪 30 年代初步形成，至 20 世纪 60 年代，建筑工业化因其高效、绿色节能、低污染、可持续发展等特点迅速在德国、法国、美国、英国、日本、新加坡等一些发达国家崛起，也吸引了一大批学者对建筑工业化的研究，开始全面建立工业化生产体系。1974 年，联合国经济事务部在《关于逐步实现建筑工业化的政府政策和措施指南》中首次定义了“建筑工业化”的概念：按照大工业生产方式改造建筑业，使之逐步从手工业生产转向社会化大生产的过程。它的基本途径是建筑标准化、构配件生产工厂化、施工机械化和组织管理科学化，并逐步采用现代科学技术的新成果，以提高劳动生产率，加快建设速度，降低工程成本，提高工程质量。

在美国，预制装配式建筑应用较为成熟，典型建筑以钢木别墅、钢结构公寓为主，其部品部件种类齐全，构件通用水平高、商品化供应，其中预应力预制构件应用较多。

在欧洲，德国是工业化水平最高的国家，在 20 世纪 70 年代工业化水平已达到90%，在第二次世界大战后由于住房需求，大力推广装配式建筑，绝大多数为多层板式装配式住宅，并在此基础上迅速形成了预制装配式建筑产业链。德国的高校、研究机构、企业强强合作共同研发新技术，为建筑工业化提供支持。法国、英国等西欧发达国家重点发展了装配式大板建筑，在建筑构件的生产与施工过程中不断总结经验，针对住宅这一类建筑研发了自己的专用体系。20世纪80年代以后，经过各国政府的不断努力，居民的住房问题基本解决，这些国家的住宅工业化发展方向也发生了转变，不再像以往那样追求大量、快速建造，而是更加注重住宅的功能性与个性化。到20世纪90年代，欧洲各国家提出城市与建筑的可持续发展战略，建筑工业化进程进入了一个节能减排的“绿色”阶段。而丹麦则通过大力发展通用体系，使各个企业生产的构配件都能满足标准化与通用化的要求。

日本的工业化住宅始于20世纪60年代，在20世纪70年代达到成熟期，大批企业进军住宅产业化，于是形成了盒子住宅、单元式住宅等工业化住宅，20世纪80年代，形成了“部品认证制度”。装配式方法也在日本的建筑工业化发展中占据了重要地位，它给建筑行业带来的是高效益、低成本的生产方式，并且直接推动日本的建筑业向专业化、综合化、工业化发展。

新加坡在20世纪90年代后期建筑业就已经进入全预制阶段，Wong和Yeh（1985）在研究新加坡公共住房的基础上，发现新加坡之所以能够在建筑业快速普及预制混凝土技术并形成一系列的技术规范就是借助了公共住房大规模的工业化的生产方式。新加坡预制装配式结构体系应用非常广泛，到20世纪末，新加坡的预制工程量已达到65%以上。

2.国内发展史

在我国，建筑工业化的发展始于20世纪50年代，借鉴苏联和欧洲各国的经验，我国开始在国内推广预制构件和装配式建筑。20世纪60年代至70年代我国各种装配式建筑持续发展，20世纪70年代后期开始，国内多种装配式建筑已初步形成体系，发展迅速。然而，20 世纪 80 年代末开始，我国装配式建筑的发展遇到了前所未有的低潮，很多预制装配式工厂倒闭，而现浇混凝土结构得到了广泛的应用。最近的十几年来，随着“信息化”、“工业化”、“产业化”、“绿色环保”、“可持续发展”概念的提出以及建筑行业出现的“用工荒”等问题使人们再次将视线转移到了预制装配式建筑上。与此同时，国家及地方政府相继出台了各类政策和指导性文件大力发展、支持和推广装配式建筑的应用。

1995 年建设部发布的《建筑工业化发展纲要》提出了工业化建筑的主要结构类型，包括剪力墙结构和框架结构，其施工工艺主要分为三种类型：预制装配式、装配整体式和工具模板式。香港地区建筑业评估委员会在 2001 年的报告中提出了采用装配式住宅体系的相关建议，通过这种措施来提升建筑质量，同时相对减少建筑垃圾。2001 年以来，香港地区建筑部门推行了相关的激励政策，所有装配式工程项目均从中受益。

为进一步促进建筑工业化的技术创新，国家 2014 年颁布了《装配式混凝土结构技术规程》JGJ 1—2014，要求企业根据每个项目的特点研究最适合的工艺、工法。上海市鼓励房地产开发企业采用外墙保温技术，达到相应标准的给予容积率奖励。深圳市 2014 年发布的意见明确要求从 2015 年起，对预制率和装配率等相关指标符合要求的建筑工业化项目给予奖励，可以核增 3%的建筑面积，并免除 1.5%的基准地价，这大大地推动了国内建筑工业化技术的发展。

2010 年以来，建筑工业化的发展得到了国家层面的大力推动，地方政府也进行了大力推广。据不完全统计，住房和城乡建设部共发布促进建筑工业化发展相关政策文件 19 项，引导建筑工业化发展的相关建设工程国家标准 10 余部，各省级行政单位近年来发布了地方政策文件 100 余项和地方标准 30 余项。全国有 30 个国家住宅产业化基地，300 多个国家示范工程项目正在实施，260 多个住宅项目通过了性能认定，全国有近 1000 万 m^2

的装配式建设规模。2017 年 11 月住房和城乡建设部发布的《关于认定第一批装配式建筑示范城市和产业基地函》中认定：北京市、上海市、沈阳市、重庆市、深圳市、济南市等 30 个城市为第一批装配式建筑示范城市；认定北京住总集团有限责任公司等 195 个企业为第一批装配式建筑产业基地。

在国家政策的支持下，装配式混凝土结构技术、生产工艺、施工技术等日趋成熟，政府层面已制定了多部装配式混凝土结构技术规范和预制构件设计、生产的标准图集。《装配式建筑评价标准》GB/T 51129—2017 于 2018 年 2 月正式实施，《装配式混凝土建筑技术标准》GB/T 51231—2016 等相关装配式建筑规范已于 2017 年 6 月 1 日正式实施，部分企业正初步探索装配式建筑各阶段实施评价标准。

1.1.2 装配式建筑典型类型

对于以预制构件为主要类型的装配式建筑，按预制构件的形式和施工方法可分为砌块建筑、大板建筑、模块建筑、框架轻板建筑、升板和升层建筑五种类型。下面介绍一下这五种类型装配式建筑的主要特征以及所需的主要预制件的类型。

1. 砌块建筑

砌块建筑是用预制的块状材料砌成墙体的装配式建筑，适于建造 3～5 层建筑。砌块建筑适应性强，生产工艺简单，施工简便，造价较低，还可利用地方材料和工业废料。建筑砌块有小型、中型、大型之分。小型砌块适于人工搬运和砌筑，工业化程度较低，灵活方便，使用较广；中型砌块可用小型机械吊装，可节省砌筑劳动力；大型砌块现已被预制大型板材所代替。

2. 大板建筑

大板建筑是由预制的大型内外墙板、楼板和屋面板等板材装配而成。它是工业化体系建筑中全装配式建筑的主要类型。大板建筑可以减轻结构质量，提高劳动生产率，扩大建筑的使用面积和防震能力。大板建筑的内墙板多为钢筋混凝土的实心板或空心板；外墙板多为带有保温层的钢筋混凝土复合板，也可用轻骨料混凝土、泡沫混凝土或大孔混凝土等制成带有外饰面的墙板。建筑内的设备常采用集中的室内管道配件或盒式卫生间等，以提高装配化的程度。大板建筑的关键问题是节点设计，在结构上应保证构件连接的整体性，在防水构造上要妥善解决外墙板接缝的防水以及楼缝、角部的热工处理等问题。大板建筑的主要缺点是对建筑物造型和布局有较大的制约性；小开间横向承重的大板建筑内部分隔缺少灵活性。

3.模块建筑

模块建筑是在大板建筑的基础上发展起来的一种装配式建筑。这种建筑工厂化程度很高，现场安装快。一般不但在工厂完成盒子的结构部分，而且内部装修和设备也都安装好，甚至可连家具、地毯等一概安装齐全。盒子吊装完成、接好管线后即可使用。模块建筑工业化程度较高，但投资大，运输不便，且需用重型吊装设备，因此发展受到限制。

4.框架轻板建筑

框架轻板建筑由预制的骨架和板材组成，其承重结构一般有两种形式：一种是由柱、梁组成承重框架，再搁置楼板和非承重的内外墙板的框架结构体系；另一种是柱子和楼板组成承重的板柱结构体系，内外墙板是非承重的。承重骨架一般多为重型的钢筋混凝土结构，也有采用钢和木做成骨架和板材组合，常用于轻型装配式建筑中。框架轻板建筑结构合理，可以减轻建筑物的自重，内部分隔灵活，适用于多层和高层建筑。

钢筋混凝土框架结构体系的框架轻板建筑有全装配式、预制和现浇相结合的装配整体式两种。保证这类建筑的结构具有足够的刚度和整体性的关键是构件连接。柱与基础、柱与梁、梁与梁、梁与板等的节点连接，应根据结构的需要和施工条件，通过计算进行设计和选择。

5.升板和升层建筑

升板和升层建筑是板柱结构体系的一种，但施工方法有所不同。这种建筑是在底层混凝土地面上重复浇筑各层楼板和屋面板，竖立预制钢筋混凝土柱子，以柱为导杆，用放在柱子上的油压千斤顶把楼板和屋面板提升到设计高度，加以固定。外墙可用砖墙、砌块墙、预制外墙板、轻质组合墙板或幕墙等；也可在提升楼板时提升滑动模板、浇筑外墙。

升板建筑施工时大量操作在地面进行，减少了高空作业和垂直运输，节约模板和脚手架，并可减少施工现场面积。升板建筑多采用无梁楼板或双向密肋楼板，楼板同柱子的连接节点常采用后浇柱帽节点或承重销、剪力块等无柱帽节点。升板建筑一般柱距较大，楼板承载力也较强，多用作商场、仓库、工厂和多层车库等。升层建筑可以加快施工速度，比较适用于场地受限制的地方。

1.1.3 装配式建筑的特点和存在的问题

1. 装配式建筑的特点

工业化装配式建筑是集设计、生产、施工、管理为一体的标准化建筑。与传统现浇混凝土结构相比预制装配式建筑具有构件尺寸精准、品质好、施工效率高、环保、外形美观、安装精度高、湿作业少、节约劳动力、投资回收快等优点。装配式建筑的主要特点如下：

（1）大量的建筑部品由车间生产加工完成。构件种类主要有：外墙板、内墙板、叠合板、阳台、空调板、楼梯、预制梁、预制柱等。

（2）设计的标准化和管理的信息化。构件越标准，生产效率越高，相应的构件成本越低，配合工厂的数字化管理，整个装配式建筑的性价比越来越高。

（3）采用建筑、装修一体化设计、施工，理想状态是装修可随主体施工同步进行。

（4）预先集中生产构件，将现场作业系统化，确保了施工精度，大幅度缩短工期。另外，装配式建造方法可以大幅度减少模板、外围防护物、脚手架以减轻现场作业，节约现场施工人员的投入。

（5）符合绿色建筑的要求。从建筑的整个生命周期角度来看，装配式建筑与传统的施工方法相比，在噪声、粉尘、从业人员数量、车辆用量、木材用量、废弃物与二氧化碳排放量方面都具有较大节省资源和降低污染的优势。根据在北京市房山区所做的项目测算显示，装配式建筑全生命周期的碳排放量从总体上有所降低，但这个测算并没有考虑施工过程的碳排放量，只是从能源和材料用量上进行的计算。

传统建造方式与工业化建造方式不同阶段的对比见表 1-1。装配式建筑与传统的现浇建筑相比较最大的特点就是后端工作前置。比如在设计阶段装配式建筑注重各专业如土建、设备管线、内装修等之间提前协同，使各专业相互制约又互为条件。构件管理提前到生产阶段，对构件质量、安装精度要求较高，其构件的生产、预埋件的位置在考虑其本身质量要求的同时，需兼顾构件的生产、运输、安装、现场存储及工艺流程，提前进行计划和统筹安排。生产过程提前准备，装配式建筑根据建筑装配率、预制率及建筑红线确定建筑户型，进而确定构件的尺寸进行深化设计，并结合工厂的生产能力、工艺设备及存储空间提前做好构件生产的各项准备工作。

传统建造方式与工业化建造方式不同阶段的对比　　表 1-1

内容	传统建造方式	工业化建造方式
设计阶段	不注重一体化设计；设计与施工相脱节	标准化、一体化设计；信息化技术协同设计；设计与施工紧密结合
施工阶段	以现场湿作业、手工操作为主；工人综合素质低、专业化程度低	设计施工一体化、构件生产工厂化；现场施工装配化、施工队伍专业化
装修阶段	以毛坯房为主，采用二次装修	装修与建筑设计同步；装修与主体结构一体化

续表

内容	传统建造方式	工业化建造方式
管理阶段	以包代管、专业化协同弱;依赖农民工劳务市场分包;追求设计与施工各自的效益	工程总承包管理模式;全过程的信息化管理;项目整体效益最大化
环境影响	资源浪费较大,产生大量建筑垃圾、污水废水、粉尘、噪声等	节约资源,降低能耗,减少建筑垃圾、污水、噪声和粉尘等的污染

2.装配式建筑存在的问题

我国工业化装配式建筑的发展仍然处在初步探索阶段，装配式建筑虽然具有高效、节能、环保、绿色和可持续发展等优点。但随着装配式建筑的不断推广，其在整个生命周期中存在的问题也不断暴露出来。项目建设不同阶段之间由于信息沟通不畅，导致出现信息孤岛、信息不对称、资源不对等等问题，使得项目参与各方不能协同发展，造成建设项目即使能达到局部最优也无法达到整体最优。比如，构件设计过程中没有考虑构件运输和施工安装的难度，设计的构件过大，导致运输、吊装困难等问题。

具体如下：

(1) 由于标准体系不够完善，使得装配式构件在设计过程中不能真正实现标准化；

(2) 由于人们对建筑户型、环境、朝向、面积等的需求不同，使得装配式构件市场需求的多样性与生产过程的标准性、通用性形成矛盾，导致生产规模无法达到工业化生产的标准；

(3) 由于预制装配式构件施工过程安装精度要求高，没有有效的物流管理，很难保证待安装构件的质量要求，也很难实现降低材料成本和提高施工效率的目的；

(4) 在整个项目实施过程中没有实现物流过程的信息化协同

管理，无法通过协同管理解决施工中可能出现的问题。

1.2 工程物流研究背景

在中国，建筑行业所创造的总产值在全国经济总量中占有相当比重，对国家经济的快速发展起着至关重要的作用。由于城镇化程度不断的深入发展，城市建设持续走高，国内建筑业的发展突飞猛进，整个行业的总产值从 2001 年的 15361.56 亿元增长到 2011 年的 117734 亿元，首次闯进 10 万亿元大关，10 年间完成了建筑行业总产值近 8 倍的惊人飞跃。在香港发展成为东南亚商业中心的过程中，房地产和建筑业在香港经济中也扮演了重要角色。在 20 世纪 90 年代，香港建筑业所占 GDP 由 4.6%上升为 5.7%。在占比最高的 1997 年，建筑业有 19000 多个有关机构，雇用了 9%的劳动力，为本地经济奠定了坚实的基础。而在其他国家，例如英国，建筑业也是国内经济的支柱之一。在 Egan（1998）发表的报告中提到，按照最广义的定义，英国建筑业的可能产出相当于国内生产总值的 10%，雇用了约 140 万人。

然而，大量的研究指出建筑行业的实际工作效率是十分低下的。Vriejhof 和 Koskela（2000）对建筑业生产效率低下问题进行了分析。Mohamed 和 Tucker（1996）认为建筑业的工作方法和管理机制本身就没有效率，必然导致更多的浪费。Love 等（2004）认为组织和管理不当导致了不必要的成本和时间耗费。Tucker 等（2001）认为建筑行业由于很多负面的因素影响，导致整个运营过程高度分散。这些负面影响因素包括工作效率低、成本易超支、工期易拖延以及由于以上影响所导致的索赔和旷日持久的诉讼和争议。由于这些问题，很多研究者认为建筑业的整体绩效水平低下。例如，一份英国建筑行业调查显示，建筑业的利润率仅为 1%～2%，而英国有 52%的工程项目以索赔告终。美国建筑业协会（CII）发现大约 1/3 的项目没有实现预期的成本和工期目标。Lim's（1995）对新加坡建筑业生产效率的研究也表明建筑行业是低生产力部门。

为了改善建筑业的现状，学者们建议应将建筑业的业务流程按照供应链管理理论中提出的各种方法进行整合。Sobotka 和 Czarnigowska（2005）认为对工程材料消耗过程的规模、结构和组织的合理安排以及对工程材料运输和存储过程的合理计划都将有效提高工程效率。目前，在竞争激烈的建筑行业中，工程的价格和质量已经被估计和控制的非常精确，各个工程承包商竞争的焦点将转向工程物流管理过程，高效的物流规划将成为工程项目成功的关键。

1.2.1 工程物流技术

Clausen（1995）对工程物流管理进行了定义：建筑工程施工阶段物流管理是对工程材料从出厂到最终使用全过程工程材料流动的计划、组织、协调和控制。工程物流管理非常注重日常运作的各个方面，需要通过详细的计划、组织和控制手段，对施工前和施工期间的各项活动进行优化。

随着施工技术的快速发展，施工现场的许多工作都转移到了供应商工厂，例如利用预制构件在工厂提前进行混凝土的养护和管道的预埋。预制构件的大量使用有效地解决了工程现场存储空间有限的问题，同时也缩短了施工工期，减少了工程现场作业人员的数量。进入 21 世纪以来，欧洲、美国、日本以及中国香港等建筑工业化发达的国家和地区俨然成了预制装配式建筑的试验区，他们都对预制装配式建筑进行了不少的试验与应用研究，对预制装配式建筑的概念与应用进行了延伸扩展，其中不乏使用物流理论来应对不同地区不同条件下实际工程所面临的各方协调问题。

但事实上，供应链和物流管理理论在建筑业并没有得到广泛的应用。Fadiya（2015）发现大多数企业并没有意识到实施工程物流管理所带来的好处。笔者认为在建筑业实施供应链管理的一个关键是场外供应物流与场内物流之间的联结。场外供应物流涉及对构件需求的规划以及相应的采购、运输和交付活动，而场内物流则包括工程现场内部构件的流动和吊运。因此，工程项目实施效率很大程度上依赖场外供应物流与场内物流的配合，这需要更高的管理技术和水平。在缺乏完善的物流管理技术的情况下，这种新型的建筑施工形式和构件物流流程在实践中同样也遇到了各种障碍，引起了各种低效问题。

Ireland（1995）对工程施工过程时间消耗的调查显示，工程现场的工作人员花了大量的时间等待材料的订购和交付。从工程开始到完成阶段，无价值活动占到项目总工期的40%。工程材料运送和装卸过程的延误以及产品在现场的移动和二次搬运都将增加不必要的工期和成本，而这一切都可以通过项目的有效协调计划来避免。由于物流不畅造成的所有问题都与建筑业的本质特征有关，即建筑业的参与者众多，各项活动相互依赖，不断发生的设计变更。

如果能找到一个合适的方法来解决工程物流中遇到的各种问题，工程施工的整体效率将大大提高。美国建筑业协会（CII）在进行全行业调查后提出，以成本、进度、技术、质量、安全和盈利来衡量的项目绩效表现，还有很大的改进空间。英国建筑业委员会（CIB）特别提出，建筑业应更具竞争力，建筑成本还有30%的下浮空间。在伦敦的一个项目中，通过减少材料的多次搬运和重复移动，材料的耗费减少了35%，所有材料在适当的时间分配到了适当的地点，同时也促成了项目的完工时间提前了11周，成本节约了20%。另一个例子是以即时配送方式为某个房屋修缮工程提供10000个厨房。通过这种物流配送模式大幅度减少了材料的浪费，降低了材料的存储需求和二次搬运问题。同样还有很多的学者认为优化工程材料的供应和配送过程可带来更多的潜在收益。

目前，有很多关于改进工程物流的研究，其中一些是针对先进技术在建筑业流程改进中的应用，这些技术在工业中被证明是有效的且已经得到了广泛使用，例如业务流程重组BPR（Business Process Reengineering）、精益建设（Lean Construction）、并行工程（Concurrent Engineering）和流程再造（Process Redesign）。另外一些研究着眼于发现和解决物流过程遇到的各种问题。例如，采购过程主要是工程采购系统的构建，运输和分配过程主要是配送和路径选择问题。对于库存问题，学者们主要针对库存规模的优化进行了研究。另外，还有一些研究利用各种算法（遗传算法、模糊理论、基于知识的系统等）对现场布置进行改进。

尽管目前工程物流管理涉及较多方面，但总结起来，提高施工过程物流效率的关键取决于三个方面。第一是对现场物流过程的优化。以往的研究表明通过现场物流的合理规划可以获得很多实质性的好处。第二是需要施工承包商、物流配送企业和供应商的协调配合，对包括工程材料的运输、存储、装卸等过程的场外物流进行改进。第三则是在何种标准下评价对项目效率的改进效果。通常情况下对项目的评价往往从其各项目标实现程度出发进行评判，即从质量、进度、成本、安全、合同、风险等角度综合评价项目管理实施的有效性，其中总成本经常被作为主要评价指标进行项目物流过程优化效果评价。此外，随着人们对环境问题的重视，工程项目的能耗水平也将成为项目的主要评价目标之一。但在物流管理方面，对工程物流过程进行效率测定，从而对不同物流优化方案进行比选的评价方法比较少，尽管物流成本是进行效率评价的重要指标，但该项成本指标的确定仍缺少科学的定量方法。为此，本书以工程物流流程跟踪与分析为主线，从物流成本的测定出发，建立工程物流管理模型，分析物流成本与工程实施过程各项计划之间的关系，为实现工程项目多方协同的物流管理模式提供参考和依据。

1.2.2 工程物流过程效率评价模型

在一般工程项目中，工程材料的成本大概占到总建筑成本的70%。而工程材料成本中，物流成本的比重也不容忽视。物流成本是在工程材料的运输、包装、存储等物流过程中产生的费用。

在芬兰的一项研究中，研究者发现石膏板供应的总物流成本约占其采购价格的27%。Wegelius-Lehtonen（2001）分析了八个工程项目的工程材料供应链过程。其中五个供应链的物流成本占工程材料购买价格的10%，有一个物流成本占比超过了60%，另外两个物流成本也占到了25%～30%。而在另一项研究中发现，通过提高运输和物流过程的实施效率可以节约20%的工程总成本。

随着工程材料生产技术的不断提高，从工程材料的直接生产成本中寻找降低成本的途径已经越来越困难。因此，目前无论是工程项目经理还是工程材料的生产者都致力于通过优化物流环节的运输路线、包装工艺和库存水平来降低工程材料的物流成本，从而达到降低工程产品成本的目的。因此，建筑工程材料物流成本是评判物流系统效率的重要指标。

以往关于物流过程优化的研究主要集中在过程设计上，例如，在精益建造理念下，项目经理通过并行工程或流程再造方法可以建立一个高效的物流过程。这些方法的应用可以使工期得到压缩，各方沟通有所改善，变更事项明显减少，物流过程更加顺畅。然而，通过这些方法所带来的效率提高往往只能基于主观判断，并没有量化的方法进行测试。例如，以往的研究通过现场调研或问卷调查的方法，收集项目经理对过程改进后工程施工实施效率变化的评估意见，并根据这些评价得出关于过程改进效果的结论。这显然不足以全面地对工程物流效率进行有效评估。为了建立更加科学的效率评估定量化方法，本书将工程材料物流成本水平作为评价工程物流效率的量化标准，通过计算过程改进前后工程材料物流成本的变化来评价物流过程优化的结果。

以往对工程物流成本的研究主要关注工程物流在创造价值方面的战略作用或物流过程不同环节的成本构成。但这些研究并未从整个工程物流的角度出发，其成本构成也缺乏透明度。同时，传统的成本记录方式并不能帮助确定通过改进物流过程而节省的潜在成本。基于工程材料物流成本的工程物流过程效率评价是以工程材料物流费用为基准，通过计算不同施工、物流、生产计划下工程材料物流成本来评价施工物流过程实施的效果，据此对施工、物流和生产计划进行合理优化。其中施工、物流和生产计划主要通过对交货时间、需求总量、订货批量、库存水平和生产效率的计划来完成，不同的施工、物流和生产计划组合，其成本水平和效率不同。尽早制定精确的工程材料三方协同计划，对到货时间和仓储水平进行有效规划是非常重要的。随着项目规模的不断扩大，工程项目供应链系统变得越来越复杂，制定和控制计划的实施也变得越来越困难。因此，好的物流协同规划系统对成本节约有非常重要的作用。

总而言之，本书旨在增强建筑业对工程物流知识的了解和重视，为建筑从业者提供工程物流成本分析的方法，满足业界对物流协同方案进行定量选择的需求，协助管理者和规划人员以最低的成本实现最高效的施工、物流和生产调度。在寻找工程物流成本构成方法的同时，提高管理者和规划者对建筑物流活动的理解，确定低成本的物流协同方案，提高招投标过程中标的可能性。

1.3 本书的主旨、研究思路和方法

1.3.1 本书的主旨

本书旨在对工程物流体系进行全面梳理，在分析其活动构成的同时确定每一活动成本的计量方式，明确工程物流成本的主要影响因素，并以物流成本为物流方案有效性的评价指标，建立工程物流评价模型。该模型可填补业界缺少工程物流效率评价定量分析方法的空白，帮助决策者建立有效和相互协同的施工、物流和生产方案。

1.3.2 研究路径

本书以建立动态物流评价模型为目标开展研究。正如许多学

者已经指出，研究过程应该是螺旋上升的过程。通过螺旋式的研究路径可以发现以往研究的未知领域。据此，本书的研究过程是在离散的多个周期中进行的，后一周期用来支持和改进前一周期的分析结果。按照这一螺旋式的研究过程，本书所提出的研究目标方可得以实现。其研究结果可帮助项目管理者改进工程实践，并产生相关理论知识。

研究过程的每个周期都包括目标、方法、研究结果和反馈（见图1-1）。根据每个周期的研究目标，采用不同的方法对实践过程进行分析，得出研究结果，并以反馈为指导，调整或改进下一个周期的研究目标。这样，整个研究过程就形成了一个学习过程。

本书的研究路径共包括三个周期，每个周期都设置了不同的研究目标。第一个周期的研究目标是总结和整理工程供应链、物流管理及装配式建筑的相关理论和知识，并从以往的研究中初步获得各国研究与实践中的主要问题。因此，这部分主要针对建筑业物流管理现状进行研究，并建立工程物流管理相关概念。本书在回顾以往研究成果的基础上，结合施工现场调研，提出了通过对物流过程相关指标进行评价来反映建筑施工效率的思考。为了建立物流效率指标评价方法，必须找出影响物流过程的主要因素。因此，第二个周期通过案例分析、文献回顾、访谈和现场调研等方法，确定了物流成本是物流系统效率评价的最重要标准。基于这一分析结果，第三个周期的研究目标是找到分析物流成本构成的方法。本书运用工业中进行成本分析的常用方法——基于活动的成本分析法（Activity based costing approach，简称ABC法）建立数学模型，构建了工程物流成本函数公式，获得了阶段性研究成果，并确定了未来的研究方向。

1.3.3 研究方法

在研究过程中，每个周期的研究方法包括一个或多个，如文献综述、现场访谈、数学建模和案例研究。

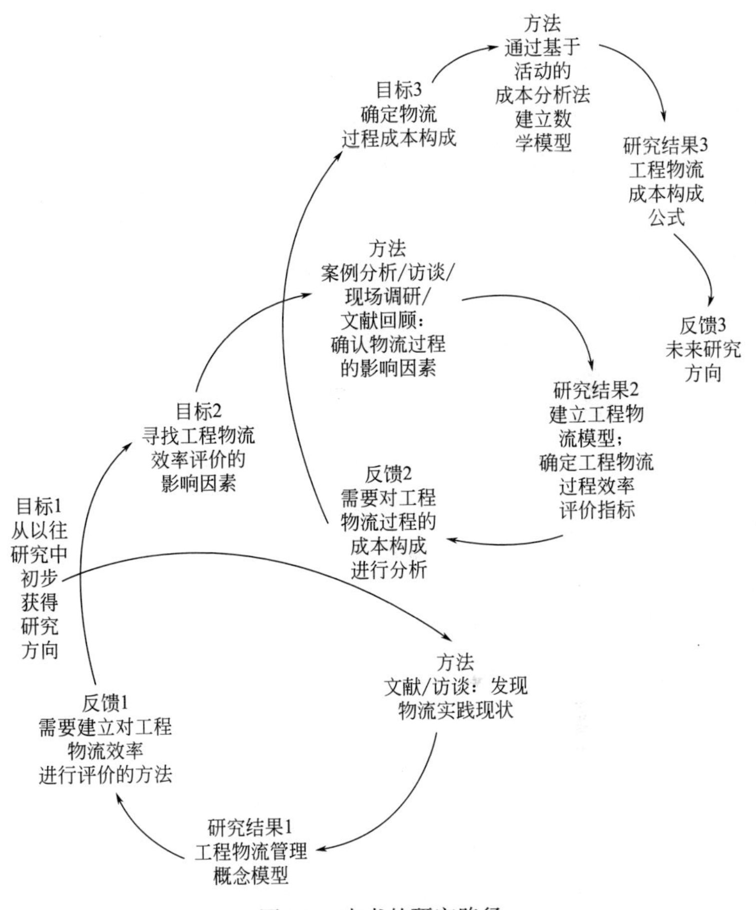

图 1-1　本书的研究路径

1. 文献综述

文献综述是研究研究现状和建设实践的重要工具。这是一个持续不断的研究过程。本研究的文献综述包括：

（1）确定研究重点并了解所研究的主要问题；

（2）通过对建筑业和制造业物流概念、相关研究以及装配式建筑各方面研究的回顾，建立本研究的理论基础，确定合适的研究方向；

（3）发现以往研究的不足并查明建筑业和制造业两个行业在物流管理理论和实践方面的差距；

（4）寻找方法消除差距以提高物流效率。

通过对不同国家学术论文、实践指南、出版物和来自政府、学术团体报告的研究，形成各章节对问题现状的分析。文献综述将用以支持和验证后面章节的研究结果，主要包括以下几个方面：

（1）回顾当前建筑业和装配式建筑的实践过程及存在的问题，重点介绍建筑业和制造业的供应链管理与物流的概念、特点、应用现状和改进方法，并对建筑绩效评价方法的研究现状进行分析。

目的：比较两个行业在物流实践和研究方面的差异，找出工程物流、装配式建筑物流管理和绩效评价方法的不足。

（2）装配式建筑物流过程分析研究综述，对目前关于工程物流各构成活动的研究进行整理、归纳。

目的：帮助建立以装配式建筑为研究对象的工程物流过程模型，确定工程物流的影响因素。

（3）回顾工程物流成本的获取方法，特别注重作业成本法的应用范围和改进方法。

目的：选择合适的方法建立工程物流成本计算公式。

2.现场访谈

访谈和案例研究的目的是找出文献综述、已有研究成果与工程实践的差别。通过文献回顾发现建筑业普遍存在效率低下的问题，工程物流过程的表现更不理想。进而，现场访谈可对以上问题进行验证，并发现中国建筑业工程物流实践与国外工程物流实践的差别。通过对现场施工人员、工程管理人员和企业管理者的访谈可以掌握目前工程现场物流管理的现状，并确定目前建设项目是否确实存在以往文献中列出的问题。此外，现场访谈可确定工程现场的实际物流活动构成，发现实际工程项目中物流成本的计算方式。

来自中国大陆和香港的 17 位专家参与了访谈，其中包括有工程经验的项目经理、成本经理、设计师、工程材料生产厂商和工程项目物流研究部人员。问题的范围主要包括：

（1）工程项目主要使用的工程材料种类、采购方法和到货方式；

（2）工程材料从供应商工厂到施工现场的物流详细流程，包括采购过程、仓储方式、运输流程以及现场验收和安装过程；

（3）工程材料物流过程中经常遇到的问题。

3.案例研究

装配式构件的广泛使用是提高建筑业效率的主要手段。本研究所选取的案例是使用大量预制构件运输和吊装的装配式建筑项目。预制混凝土系统已成为欧洲东部和北部许多国家的主要施工方法，规模庞大的预制构件和钢结构构件需要有效的物流管理。在本书所选取的装配式工程项目中，预制构件是物流过程中的主要材料。相对于工程项目所使用的其他工程材料，这类构件的物流过程较容易跟踪，便于对建筑材料物流过程进行初步研究。

本书中所使用的案例来自香港和深圳。香港的这个项目是一个住宅开发项目，包括 3 栋 43～49 层的公寓楼。该项目的一个显著特点是所有非结构的上部结构构件都使用预制钢筋混凝土构件。该工程是具有香港建筑典型特点的工程项目，即场地有限、预制构件比例高，并在其他城市生产和运输。这类项目要求项目成员之间进行密切的信息交换，并在工程材料交付时间和数量方面制定严格的物流计划。因此，此案例可以作为工程物流系统研究启示性案例。

另一个工程案例是位于深圳的一个住宅项目。它涉及 6 栋建筑和相关设施，如游泳池、网球场、会所和花园。这 6 栋 18 层高的住宅楼在设计上是一样的。从二楼起，预制单元包括梁、板、阳台、墙壁和楼梯。与香港的建设情况不同，该项目在现场有大量的存储场地。但由于时间的限制，项目经理需要制定与施工和生产进度相配合的高水平物流配送计划。之所以选择这个项目进行调查分析，也是因为预制构件的广泛使用。此外，这个项目也是国内推行装配式建筑的试验性项目之一，是在中国大陆推行工程物流管理理念的初步尝试。该项目试图吸收中国香港和日本的物流管理经验，并形成适应中国国情的物流应用典型案例。

4.基于活动的成本分析

本书在文献回顾、访谈和现场调研的基础上，构建了工程项目物流过程基础模型，并运用在工业物流过程研究中常用的基于活动的成本分析法（ABC法）建立了工程物流成本数学模型。

由于传统的财务成本报告是面向公司外部成员提供的公司历史成本状况，这些基于历史数据的变动成本和固定成本信息并不足以用于制定受到未来各种不确定性因素影响的供应链管理决策；传统的会计计价方法基于很多假设，例如稳定的、可预见的市场环境，足够长的产品生命周期，大批量生产。因此，传统的会计技术所获得的信息并不适合为管理决策提供支持。

基于活动的成本分析法（ABC法）是一种将单个工作过程或整个项目所有活动的关键成本数据收集起来进行分析的方法。与传统成本分析方法相比，ABC法为供应链管理提供了更可靠的信息数据。它的成本信息更准确，能够支持和监控供应链策略的实际应用情况。

本书的数学模型主要是根据工程材料物流过程中所涉及的活动建立的。它由采购成本、供应商库存成本、中转仓库库存成本、施工现场库存成本、配送成本和场内运输成本等项组成。每个成本要素被进一步划分为活动所消耗的资源成本，最终形成工程物流成本数学模型。根据确定的工程物流成本数学模型，本书发现了影响物流成本的主要因素：

（1）生产计划：即何时开始生产准备以及每天生产的数量；

（2）物流配送计划：即每次运往中转仓库或工程现场的配送时间和配送量；

（3）材料使用计划：即每天使用工程材料的数量。

只有建立相互协调的生产计划、物流配送计划和材料使用计划，才能保证在不缺货的情况下，实现物流成本最优，使工程施工各项工序得以顺利完成。

1.3.4 本书的研究范围

工程施工中的物流问题只有当建筑业能以一种全面协同的方式完成时才能得以解决。供应链上的各个参与方，包括承包商、主要材料制造商和供应商应在项目的一开始就参与进来。基于这一原则，本书纵向上主要从五个层次对所研究的问题进行讨论(见图 1-2)。供应链管理和建筑供应链管理的相关知识为建筑物流的详细分析奠定了基础。作为本书的重点，工程物流过程的具体活动构成以及影响系统效率的主要因素将逐一被讨论。

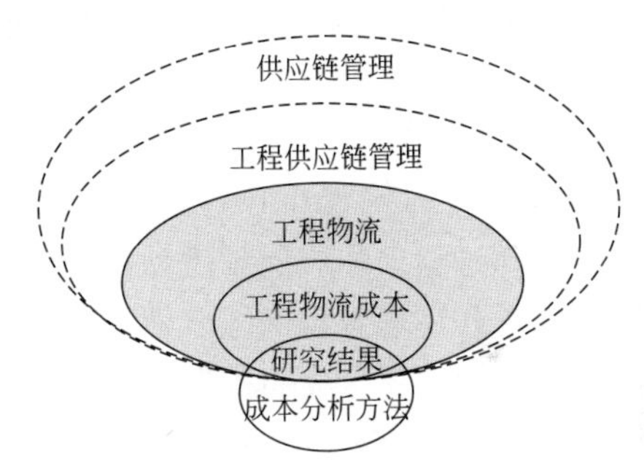

图 1-2 纵向研究范围

本书所研究的物流过程主要是建筑业物流，并以住宅项目为原型。为了建立基于成本的评价模型，本书运用基于活动的成本分析法对装配式建筑构件物流成本构成进行分析。本书所研究的工程材料是装配式建筑中广泛使用的预制构件和钢结构构件。大量装配式构件的使用需要有效的物流管理。装配式构件的使用是目前提高建筑业工作效率的主要途径之一，它的流动过程非常清晰，容易识别。作为对建筑业物流的初步研究，以装配式构件为研究对象，可以使物流绩效评价研究更加明晰。

和制造业供应链系统一样，整个建筑业供应链系统也是非常复杂的，参与方众多。为了使研究更加清晰，本书从横向角度对工程物流研究的时间边界和空间边界进行了定义。工程建造过程是根据设计图纸和施工条件，通过一系列活动将投入到工程施工中的各种资源（包括人力、材料、机械、能源和技术）在时间和空间上合理组织物化的过程。而如何将建造过程与供应商生产过程以及项目建成后运营过程的研究边界进行明确划分，确定一个统一的建筑业工程物流管理范围，是准确界定建设工程项目物流各项活动及其成本构成的前提和基础。

目前很多学者采取建筑全寿命周期（又称全生命周期）评价的观点。多个组织对全生命周期评价进行了定义，而联合国环境规划署（UNEP）给出的定义比较详细，即全生命周期评价是评价一个产品系统全生命周期整个阶段——从原材料的提取和加工，到产品生产、包装、市场营销、使用、再使用和产品维护，直至再循环和最终废物处置——的环境影响的工具。对建筑而言，即将规划与设计、材料构件生产、建造与运输、运行与维护、拆除与处理全循环过程中物质能量流动所产生的对环境影响的经济效益、社会效益和环境效益的综合评价。在此基础上，不同学者针对不同研究问题，对全生命周期内的各个环节开展了研究。但目前对工程物流过程所应涉及的研究范围仍存在较多分歧，对于工程材料供应商存储和现场吊运活动是否属于工程物流过程的研究范围有很多不同的观点。

例如，Cole（1999）把建筑的生命周期分为了原材料生产、建筑雏形、建筑装修和维护、废弃及拆除四个阶段，同时将第一阶段分为了材料运输、工人运输、大型设备运输、施工设备消耗以及建筑支护措施五个部分。Smith 等（2003）总结了建筑物的形成过程，包括矿石开采、产品和材料制造过程；建设和拆迁活动；与建设和拆迁活动有关的运输过程；产品和材料的运输；二次搬运和循环使用产品的运输；建设拆迁废料的运输；产品和材料制造过程的废物运输。

另外，还有部分学者认为，建造过程就是建筑物的形成过程，应从构成建筑物的工程材料/原材料生产为起点进行研究，即建造过程包括原材料或工程材料生产、原材料或工程材料和机械设备运输以及现场施工。例如，Noh 等人（2014）认为工程材料和设备的运输阶段应独立于原材料生产阶段和具体施工阶段。Pacheco-Torres 等人（2014）同 Noh 等人的观点一样，认为建筑物的形成过程应包括生产阶段和施工阶段，其中生产阶段包括原材料的供应、运输和工程材料的生产过程，施工阶段包括工程材料出厂运输和到达工程现场安装使用。Mao 等人（2013）以大量使用预制构件的建筑物为研究对象，将建筑物的建造过程分为预制构件生产过程、工程现场安装过程以及原材料和预制构件的运输过程，但不包括原材料的生产过程。

综上所述，我们可以发现大多数研究对施工过程工程物流活动范围的划分边界仍然比较模糊，对工程物流过程的起点和终点的设定不够清晰，常常忽略物流过程中的存储环节。为了使工程物流研究更加清晰准确，本书确定所研究的供应链系统只考虑主承包商和材料供应商的活动。本书所确定的工程物流的时间边界和空间边界如图 1-3 所示。工程物流的时间边界始于供应商工厂的构件存储环节，之前的环节归于构件生产过程；物流活动终止于装配式构件最终吊运到工程现场指定的安装位置。工程物流的空间边界包括供应商仓库、中转仓库、工程现场存储位置以及由供应商仓库到中转仓库和由中转仓库到工程现场的运输路径。因此，工程物流管理过程可分为两个方面：一是场外物流管理，包括采购管理、供应商库存管理和配送管理；二是现场物流管理，包括中转仓库管理、中转仓库到工程现场的运输环节、现场库存管理、场内运输和吊装。由于中转仓库通常作为施工承包商的临时存储地是由承包商承租的，从中转仓库到工程现场的运输通常也是由承包商负责的，因此，本书将这部分物流活动归为场内物流，即按照工程材料的权属变化划分物流过程。这个过程中的物流成本包括承包商和供应商在物流管理中所发生的所有相关费用，即双方供应链系统的总物流成本。在了解了该系统的成本构成后，优化模拟就可以从整个供应链的角度进行了。

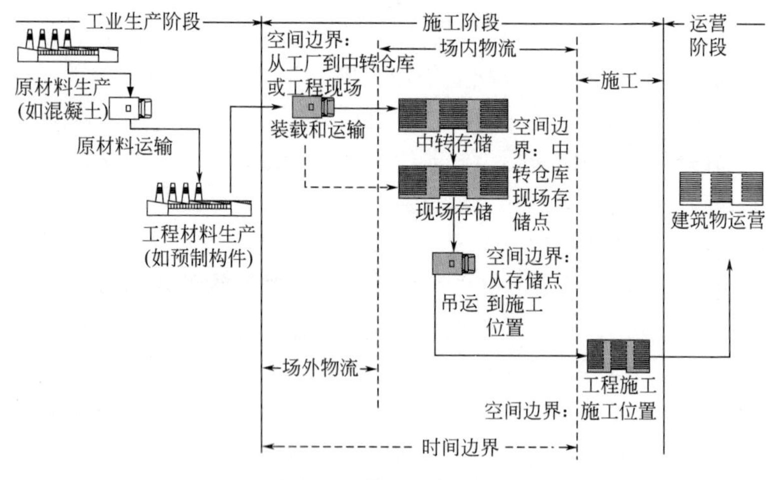

图 1-3　横向研究范围

1.3.5　本书章节结构

本书共分为 6 章，具体内容如下：

第 1 章　绪论：简要介绍了本书的目的和意义，回顾了装配式建筑的发展历程、主要特点和类型，提出了物流技术对提高施工效率的重要性，并介绍了工程物流系统评价模型建立的基本思路、本书的研究范围、研究思路、研究方法以及总体结构。

第 2 章　建筑供应链物流管理：对供应链管理、建筑供应链管理、工程物流等相关概念进行了综述。对供应链物流管理在制造业和建筑业的定义和应用进行了对比，并分析了工程物流的研究现状。

第 3 章　装配式建筑物流活动实证分析：使用基于活动的成本分析法，对装配式建筑工程实践中物流活动的构成进行了调查和总结，建立了工程物流活动模型，并对每一活动流程进行了讨论。

第 4 章　工程物流成本分析：确定每一物流活动成本构成，确定主要影响因素。

第 5 章　BIM 技术在工程物流管理中的应用：从物流活动成本信息收集的角度，对 BIM 技术的特点以及在装配式建筑物流管理各个阶段的应用进行了分析。

第 6 章　展望。

第2章　建筑供应链物流管理

供应链（又被称为价值链）管理是指企业通过协调各方关系和流程从而达到提高运营效率的目的。供应链管理的研究最早是从物流管理开始的。起初人们把库存控制、物资供应、物资分销等供应链管理的局部性研究作为重点。随着经济全球化和知识经济时代的到来以及全球制造的出现，供应链管理得到了普遍的应用。

供应链管理包括战略管理、关系管理和物流管理三个基本要素。物流是供应链系统的一部分，包括计划、实施和控制商品、服务及相关信息的有效流动，以满足客户的需求。物流管理关注的是供应链中不同成员之间的物流和信息流的传递。不同企业的物流活动构成了复杂的供应链网络。

因此，在讨论工程物流相关概念之前，有必要对供应链、供应链管理和建筑供应链管理的概念进行总结和梳理。本章将对以往研究进行回顾，讨论传统管理模式与供应链管理模式、建筑供应链管理与制造业供应链管理的区别和各自的特点。在此基础上，找出当前工程物流过程中存在的问题，并与制造业、零售业的物流过程进行比较，发现供应链物流管理对提高工程效率的主要途径。

2.1　供应链管理

供应链管理（Supply Chain Management，SCM）出现于20世纪70年代晚期，Keith Oliver在和Heineken、Hoechst、Cadbury-Schweppes、Philips等客户接触的过程中逐渐形成了自己的观点。之后丰田采用供应管理系统帮助丰田公司协调它的供应商和降低库存。供应链管理在日本汽车制造业出现后，成了生产系统的一部分，其概念演变成为工业管理理论，并形成了管理科学研究的一个专门领域。

供应链管理及其相关理论，如网络采购、价值链管理与价值流管理在20世纪90年代后引起了业界极大兴趣，成为学术研究和实践的焦点。在考虑如何组织利用供应商的运营流程、生产技术和能力来增强产品竞争优势时，供应链管理被认为是使用得最广泛的方法。随着日益激烈的市场竞争，人们对供应链管理的兴趣与日俱增。增效和创新不再是单纯的对内部管理能力的调整，而应从整个供应链角度考虑各方的协同问题。此外，计算机技术、互联网和信息技术的跨越式发展，使世界贸易方式受到了巨大的影响。在信息化时代，商业之间彼此互通的本质使供应链管理这种合作关系有了新的定义。

2.1.1 供应链管理的定义

关于供应链和供应链管理的概念，许多学者和机构从不同的角度出发，提出了多种定义。《物流术语》GB/T 18354—2006对供应链的定义是："生产及流通过程中，为了将产品或服务交付给最终用户，由上游与下游企业共同建立的需求链状网。"

供应链管理专家马士华教授指出："供应链是围绕核心企业，通过对信息流、物流、资金流的控制，从采购原材料开始，制成中间产品以及最终产品，最后由销售网络把产品送到消费者手中，将供应商、制造商、分销商、零售商，直到最终用户构成一个整体的功能网链机构模式。"

供应链管理是在满足一定客户服务水平的条件下，为了使整个供应链系统成本达到最小而把供应商、制造商、仓库、配送中心和渠道商等有效地组织在一起进行产品制造、转运、分销及销售的管理方法。许多学者都强调明确定义供应链管理概念的重要性。Yeo和Ning（2002）定义供应链管理是管理原材料、半成品和成品，从零部件供应到生产直至最后到最终用户过程中的运输和存储活动（如有）以及相关的信息流动。《供应链管理手册》提出了一个更为简单的定义，即供应链管理是以满足最终用户需求为目标设计、维护和运营供应链流程。

Handfield 和 Nichols（1999）对供应链和供应链管理的定义如下："供应链包括产品从原材料（提取）阶段到最终用户整个过程的流动和转化活动以及相关的信息流。产品和信息流沿供应链上下流动。供应链管理（SCM）是通过改善供应链关系将这些活动整合起来，以实现可持续的竞争优势。"

美国供应链协会对供应链的概念给出了权威性的解释："供应链，目前国际上广泛使用的一个术语，它囊括了涉及生产与交付最终产品和服务的一切努力，从供应商的供应商到客户的客户。供应链管理包括管理供应与需求，原材料、备品备件的采购、制造与装配，物件的存放及库存查询，订单的录入与管理，渠道分销及最终交付用户。"

由此可见，供应链的范围比物流要宽，从上面的一系列定义可以知道，供应链不仅将物流系统包含其中，还涵盖了生产、流通和消费过程。目前，供应链的概念更加注重围绕核心企业形成的网链关系，例如丰田、耐克、麦当劳和苹果等公司的供应链管理都是从网链概念的角度着手实施的。因此，供应链不仅是一条连接供应商与消费者的产品链、信息链、资金链，还是一条增值链，即在供应链上运动的产品在经历了加工、包装等过程之后而获得价值的增加，从而为相关企业带来收益。

通过供应链管理，可以发现组织内部和边界范围内的材料、信息、人力资源和财务资源之间的相互联系，并获得系统改进这些资源结构和控制的方法。供应链管理从整个供应链系统角度进行考量，而不仅仅是链条中的一部分参与者的利益。无论是功能上还是边界范围上，这都将有助于提高供应链协调和配置的透明度和一致性。此外，还有一些特殊的性质使供应链管理从传统的管理理念中脱颖而出。与传统的管理方式相比，供应链管理在库存控制、成本计算、信息沟通和风险控制等方面都有其自身的特点和优势（见表 2-1）。

传统管理方式与供应链管理的区别　　　　表 2-1

比较项目	传统管理方式	供应链管理
库存管理	独立完成	通过渠道管理统一降低库存
总成本计算方式	降低单个公司成本	提高全供应链成本效率
时间范围	短期	长期
信息共享和监控的数量	限于当前交易	根据计划和监控的需要
渠道中多层次协调数量	渠道双方单一协调	渠道中各个级别公司共同协调
共同规划	基于交易	时时进行
企业理念的兼容性	不相关	至少对关键关系的兼容
供应商范围	范围较大，扩大供应商之间的竞争，分散本企业风险	范围小，强调协同关系
渠道中的领导作用	不需要	需要，增强核心协调能力
风险分担和利益共享	各自承担风险和享有利益	长期风险共担、利益共享
信息和库存信息的交流	各自建立仓库，信息流存在障碍，信息局限于双向流通渠道中	分销中心连接信息流，实现 JIT 及时配送，在渠道中对各种信息可做到迅速反应

与传统的管理理念相比，供应链管理更具系统性和集成性。传统的管理理念在很大程度上是建立在单个企业的生产和管理方式变革观点上，而供应链管理主要是基于流程的管理。生产变革的观点意味着对生产各个阶段进行独立控制。相反，基于流程的观点更关注对生产全部流程的控制。在供应链管理中，系统中的成员可以共享更多的信息，因此，各成员之间的协调更加紧密，

任何改进都将有利于整个供应链。

2.1.2 供应链管理研究的主要领域

很多学者从不同的角度提出了促进供应链管理发展的不同思路。Croom 等（2000）将供应链管理研究的主要领域归纳为战略管理、市场营销、合作关系、组织行为、物流管理和实践管理六个方面。

供应链管理的六个研究领域也可以归纳为三个主要问题，即战略管理、关系管理和物流管理（见图 2-1）。战略管理和市场营销与公司战略管理有关，合作关系和组织行为与关系管理有关，物流管理和实践管理与物流管理有关。

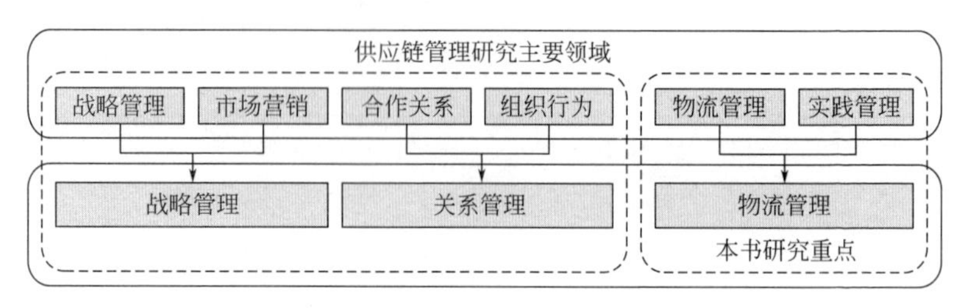

图 2-1 供应链管理研究的主要领域

供应链管理研究领域中所有改进方法的最终目标都是从主观或客观角度改善物流过程和降低成本。其中战略管理和关系管理是使用与人类行为相关的方法来改进供应链。因此，它们是从主观角度采取的措施。相比之下，物流管理侧重于从客观角度对过程和计划进行改善。它是在深入调研和科学计算的基础上进行的，这也是本书的重点。

2.1.3 供应链管理中的物流管理

供应链管理专业协会（Council of Supply Chain Management Professionals，CSCMP）从供应链管理的根源——物流角度考虑供应链管理问题，这反映了物流是供应链管理的一个主要组成部分。他们认为供应链管理包括对采购、交易和所有物流管理活动的规划和管理。供应链管理的任务是打破供应链内部（即物流过程）之间存在的障碍，以实现更有效的物流流程，从而大大降低成本（见图 2-2）。

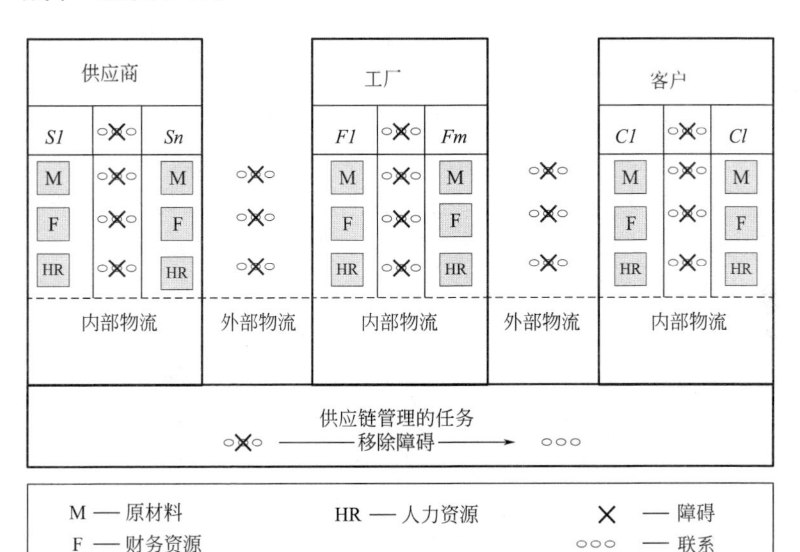

图 2-2　供应链管理的任务

物流是供应链管理中的一个重要问题，但随着供应链管理和所有支撑供应链管理的相关技术的发展，物流问题往往被忽视。物流的概念源于战争中的军需物资供应问题，在制造业生产过程中得到了推广和应用，目前已经成为确保生产过程中材料高效流动的重要管理工具。

物流即“物的流通”，包含“物”与“流”两方面的内容。概括地说，“物”是指一切可以进行物理位置移动的物质资料。通常与以下几个概念相关：

（1）物资，泛指物质资料，多指工业品生产资料。物资是“物流”中“物”的组成部分。

（2）物料，是生产领域中的一个专门概念。生产企业中除最终产品之外，在生产领域流转的一切材料（不论是生产资料还是生活资料），如燃料、零部件、半成品以及生产过程中必然产生的边、角、余料、废料及各种废物等统称为“物料”，它是物流中“物”的一部分。

（3）货物，是交通运输领域中的一个专门概念。交通运输领域的经营对象分为“物”和“人”两大类，除“人”之外，“物”统称为货物。它也是物流中“物”的一部分。

（4）商品，商品和“物流”中的“物”是互相包含的。商品中一切可发生物理性位移的物质实体都是物流研究的“物”（即不包括无形商品和“不动品”）。物流中的“物”有可能是商品，也有可能是非商品。

（5）物品，有形物的通称。

“流”是指物理性运动，有“移动、运动、流动”的含义。“物流”泛指物质资料实体在进行社会再生产的过程中，在空间有目的性的（从供应地向接收地）实体流动过程。它联结生产和消费，使货畅其流，物尽其用，促进生产不断发展，满足社会生产、消费的需要。也有文献表述为“高效、低成本地将原材料、在制品储备、成品等由其始地至消费地的流动和存储以及与其有关的信息流进行计划、实施和控制的过程，以达到满足用户需求的目的。”

物流作为一个专门的理论，可以被描述为利用工程、运筹和管理技术等手段保证产品在其整个生命周期中各种流动过程的可靠性、安全行和成本效益性。在商业中，物流活动通常涉及运输和存储，其目的是在适当的时间将所需的物流对象运送到适当的地点。运输与配送是物流的基础和最主要的活动。1992年，欧洲标准化委员会将物流定义为：计划、组织和控制货物从购买、加工到配送中的流动过程，以最小的成本和资本投入满足市场需求。

由国家质量监督检验检疫总局发布的国家标准《物流术语》GB/T 18354—2006已于2007年5月1日起正式实施，其中对物流进行了定义：“物品从供应地向接收地的实体流动过程。根据实际需要，将运输、储存、装卸、搬运、包装、流通加工、配送、信息处理等基本功能实施有机结合”。美国物流管理协会关于物流定义的大致意思是：物流是供应链流程的一部分，它通过有效率和有效力地计划、实施和控制商品的储存和流动（通）、服务和相关信息，以满足从原产地到消费地的过程中消费者的需要。

物流管理（Logistics Management）是指在社会再生产过程中，根据物质资料实体的流动规律，应用管理的基本原理和科学方法，对物流活动进行计划、组织、指挥、协调、控制和监督，使各项物流活动实现最佳的协调与配合，以降低物流成本，提高物流效率和经济效益。物流管理的对象是物流过程而不仅仅是具体的物流作业活动，还包括与物流过程相关的服务和信息资源配置。与供应链管理的概念相比，物流管理更关注产品的物质性流动以及物流过程中各方之间的信息交换。

供应链是由物流系统和所有单个组织的相关活动构成的复杂网络。每个组织的物流系统对整个供应链网络的高效运转都有着非常重要的作用。虽然供应链中物流系统的协调或整合是一项具有挑战性的工作，但本书主要集中于单个物流系统的研究，因为它是供应链网络协同问题的基础。

2.2 建筑供应链管理

工程供应链管理实际上是工程实践的产物。Latham（1994）注意到，施工承包商和供应商之间普遍存在敌对和各自为政的现象。许多研究者认为，建筑行业处于非常松散的状态，这种状态可能会导致非常严重的负面影响：不仅降低了生产效率，造成了成本超支和工期拖延，甚至还直接引起了各种矛盾和纠纷，导致索赔和长时间的诉讼。建筑业者已经逐渐意识到有必要改变当前的工作方式和态度。为了克服行业内相互割裂的状态，整合工程项目中的各个参与方和相关资源对项目的顺利实施非常重要。通过先进的通信技术实现各方信息互通，是使供应链管理成为克服建筑业松散、分裂的组织现状的重要途径。

从20世纪90年代中期开始，国外学者开始对供应链管理在建筑业的应用开展研究，并且得到了许多研究机构、大学和政府部门的资助。斯坦福大学的CIFE（Center for Integrated Facility Engineering）研究中心将供应链管理，尤其是利用信息技术辅助供应链管理作为其主要研究方向之一。英国政府资助Rethinking Construction、IT建设最佳实践（IT Construction Best Practice Programme）和卓越建造等有影响力的项目，也将建设供应链管理作为其主要的研究与应用方向之一。

尽管供应链管理在改善建筑业整体效率方面发挥着关键作用，但有关建筑供应链管理的研究和实践仍处于探索阶段。在通常的建筑供应链中，所有的工程业务流程是相互连接的，从供应商到最终客户这一过程，包括了客户/业主、设计师、主承包商、分包商、供应商和咨询顾问等。下面主要对建筑供应链和建筑供应链管理的概念以及建筑供应链与制造业供应链的区别进行梳理和分析。

2.2.1 建筑供应链

供应链被定义为若干相互联系的实体，主要目的是为终端客户提供所需的货物和服务。Xue（2006）认为广义的建筑供应链（Construction Supply Chain）是指从业主产生项目需求，经过项目定义（可行性研究、设计等前期工作）、项目实施（施工阶段）、项目竣工验收交付使用后的维护等阶段，直至扩建和建筑物的拆除，整个建设过程中所有活动和所涉及的有关组织机构组成的建设网络。考虑到现行的建筑业运行机制和供应链管理在建筑业应用的可操作性等因素，他也给出了一个建筑供应链的狭义定义：建筑供应链是指以总承包商为核心，由总承包商、供应商、分包商、设计师和业主围绕（单个或者多个）建设项目组成的，主要包括设计、采购和施工三个建设过程的工程项目建设网络。建筑供应链活动涉及链上各组织之间的信息流、物（服务）流、资金流。另外，由于建筑生产的特殊性，劳动力（人流）的流动也成为建筑供应链的重要组成部分。O'Brien 等（2002）提出了建筑供应链网络模型，如图 2-3 所示，建筑供应链系统包括了大量的参与者，这种系统运行起来非常复杂。

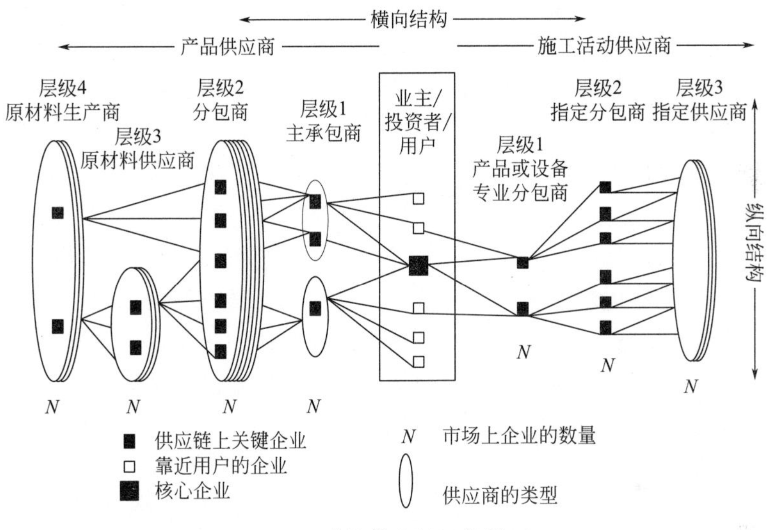

图 2-3　建筑供应链网络模型

2.2.2　建筑供应链管理

建筑供应链管理虽然来源于制造业供应链，但两者有很大的不同。它更关心的是大量分散在各个供应商手中的工程材料（和相关的机械设备）如何交付到工程现场。Tucker 等人（2001）将供应链的定义应用到建筑供应链管理概念中，认为建筑供应链管理是在工程项目生命周期中，对信息流、活动、任务和过程的战略管理过程，其中涉及组织及其之间联系（上游和下游）的多种网络集合。建筑供应链中的上游活动是与主承包商有关的准备工作，涉及的参与主体包括业主和设计团队。下游活动包括建筑产品交付过程的各项工作，涉及的参与主体包括建筑供应商、分包商和与主承包商相关的专业承包商。

Xue 等人（2005）定义建筑供应链管理（Construction Supply Chain Management）是对建筑供应跨组织决策的协同，它整合了工程建设过程的关键业务流程和由业主、设计师、承包商、分包商、供应商组成的关键成员。建筑供应链关注企业如何利用其供应商、技术和能力来提升自身的竞争优势。建筑供应链管理中八个关键业务流程包括项目管理、客户服务管理、供应商关系管理、需求管理、订单履行、施工流程管理、环境管理和研发管理。

建设最佳实践项目将建筑供应链和建筑供应链管理定义为"建筑供应链包括了从原材料采购到最终的产品和服务交付过程中的一系列活动和分包商、供应商、总承包商等参与方，同时，建筑供应链也包括了支持和监测这些活动所必需的信息系统。建筑供应链管理是一种结构的、组织的和协作的工作模式，每一个链上的公司在双赢战略的构想下，从事价值增值活动以满足客户的需求。"

Vrijhoef 等人综合运用交易成本经济学、生产与运作管理、网络理论和语言行为理论，提出了一个研究建筑供应链相互组织关系的扩展理论框架。该理论框架包括制度经济学、组织理论、生产与运作管理和社会科学四大部分。他们建议综合运用这四大领域的相关理论对建筑供应链管理进行研究。

Vrijhoef 和 Koskela（2000）根据建筑业业务流程的特征提出了建筑供应链管理的四个功能。首先，通过建筑供应链管理，施工活动的成本和持续时间有所减少，确保了必要的材料和劳动力流向施工现场，避免了工作流程的中断。其次，建筑供应链管理通过优化物流、提前期和库存量等方式，可大大降低工程材料的总成本，使供应链自身得以改善。第三，通过重新设计供应链和将现场活动转移到现场，可以将活动从站点转移到供应链。最后，它可以整合供应链和现场生产。

可以看出，研究供应链这样一个复杂的系统，要涉及很多学科，是一个多学科交叉研究领域。同时，可以预见，多学科知识的交叉运用增加了供应链研究的复杂性、艰巨性和挑战性。

2.2.3 建筑供应链与制造业供应链的区别

工程的施工现场实际上可以看作一个临时的工程产品生产工厂。与制造业供应链管理的发展一样，工业生产中存在的问题同样出现在建筑供应链管理的应用过程中。Palaneeswaran 等人（2003）将这些问题总结如下：

（1）业主和承包商之间的敌对关系；

（2）对风险共担和利益共享的认识不足；

（3）各自独立的组织方法；

（4）狭隘的“输赢”态度和注重短期利益；

（5）以权力为支配，频繁地更改合同，导致工程质量差，产生各种矛盾、纠纷和索赔等不良的业绩记录；

（6）主要关注投标价格（对全生命周期成本和最终价值关注不够）；

（7）信息交流不足和有限的沟通导致整个系统各方信息的不透明；

（8）缺少甚至没有相互沟通以促进长期的可持续关系。

尽管工程项目和制造业在供应链管理中遇到了很多相似的问题，但建筑供应链和制造业供应链也存在一些差异。Vrijhoef 和 Koskela（2000）确定了建筑供应链区别于制造业供应链的特点：

（1）整个链条只生产一种产品，所有的材料都供应到指定的施工现场。而在制造系统中，多个产品通过工厂，分发给多个用户。

（2）建筑供应链是临时的，通过项目组织的重构为一次性建设项目服务，因此建筑供应链的典型特征是不稳定、组织管理相互分离，特别是工程建设过程中设计与施工之间的分离。

（3）建筑供应链中几乎没有重复，每个工程项目都会创建一个新的建筑物。

其他一些研究人员也在相关研究中列出了建筑供应链与制造业供应链的区别（见表 2-2）。

建筑供应链与制造业供应链的区别　　表 2-2

比较项目	制造业供应链	建筑供应链
结构	高度整合	高度分散
	进入壁垒高	进入壁垒低
	固定场所	地点不固定
	高度相互依存	相互独立
	面向全球市场	面向国内市场
信息流	高度整合	在单次交易中流动
	高度共享	各公司之间缺乏共享
	流动速度快	流动速度慢
	供应链管理工具：生产计划、采购管理和供应链计划	除了 BIM 外没有更多 IT 工具支持供应链管理（缺少实际数据和工作流的整合）
合作	与供应商形成长期合作关系，利益共享，并采取激励机制	互相对立
产品需求	需求不稳定（具有季节性，竞争较多，有创新要求等）	需求较稳定（可以预知对工程材料的需求）
生产变动性	高度自动化生产环境，大量使用机器人辅助生产，标准生产线使生产变动性较低	劳动力、生产率、生产工具具有变动性，开放的工程环境，缺少标准化建造方式，可用空间不足，工程材料流动和交易流程复杂，具有高度变动性
安全库存	库存模型（经济订货批量模型、安全库存模型等）	没有相关模型，现场存储以避免缺货风险，变动的材料使用计划
产能规划	整体计划实现最优产能	对产能没有预期，被动地应对各种变化，容易导致工期延误

随着 BIM 技术的应用和装配式建筑的不断发展，目前建筑供应链管理也出现了一些新的变化，如设计和施工阶段信息交流

更加顺畅，标准化装配式构件的使用使制造业的供应链管理手段有了应用的可能。但这些技术仍处于初步应用阶段，BIM 技术主要用于辅助设计、工期计划和施工现场的规划，并未涉足物流供应领域的信息沟通，主承包商与供应商之间的协同问题仍然存在。此外，尽管住房和城乡建设部明确了力争用 10 年左右时间，使装配式建筑占新建建筑的比例达到 30%，但目前政府对装配式建筑的关注重点主要集中在规范、标准、规程和图集等预制构件的设计方面，对构件物流过程的研究涉及较少，物流管理方面仍然存在很多问题。因此，建筑供应链与制造业供应链的差异使得在制造业中广泛应用的供应链管理技术很难直接应用到工程领域，需要业界和学者对建筑供应链管理理论进行进一步的完善，使其适应工程项目建设的特点，增强供应链管理在施工实践中的适用性和有效性。

2.2.4 建筑供应链管理的相关研究

很多学者对建筑供应链技术在改善建筑业绩效方面的适用性开展了相关研究。Vollman 等人（1997）提出建筑供应链管理越来越被视为旨在管理和协调从原材料供应商到最终客户的整个供应链实践的有效工具。Kornelius 和 Wamelink（1998）认为，由于建设工程项目涉及大量文件，供应链管理可提供必要的协调工作。Wong 和 Kanji（1998）认为，随着合作和全面质量管理的广泛应用，建筑供应链管理可以成功地解决建筑业和业主所面临的主要问题。

一些研究人员试图将供应链管理的概念直接应用于建筑业，并评估其应用的广度和深度。Briscoe 等人（2004）使用了三个不同的案例来分析业主关系、影响其业务的环境因素、采购决策的制定以及能够实现的供应链集成度。还有一些模型来源于工业的组织理论和供应链理论的融合。

除了与供应链管理应用相关的一般性研究外，还有一些研究侧重于构成建筑供应链管理的不同方面。London 和 Kenley

(2001）将建筑供应链研究分为四个主题：配送、生产、战略采购管理和组织关系管理。此外，还有一些研究关注供应链的协同一体化问题，以支持复杂供应链系统的规划和协调，实现产品或材料高效、及时的配送和存储。

其中关系管理是增强供应链相互作用驱动力的重要组成部分，对提高业主、承包商、分包商之间的合作，改善项目与公司绩效表现有一定的推动作用。根据欧洲大型工程集成支持项目的研究结果，Hunter（1999）认为，大型工程项目承包商增强竞争力的有效方法是建立“虚拟企业”的概念，具有工程特殊技术的不同组织可组成团队，而不需要团队成员在同一地点办公。Ellram（1991）认为各种竞争关系的存在将有利于改进建筑供应链关系，这些关系包括交易、短期合同、长期合同、合资、股权投资和收购。其他与建筑供应链管理相关的研究包括战略联盟、合同管理、多个项目交付、组织设计、纵向整合、合作和供应链采购。

建筑供应链管理的一个重要任务是消除供应链各环节之间的障碍，以保证物流过程的畅通。一些研究人员强调通过整合建筑供应链各个流程，以支持复杂供应链系统的计划和协作，实现施工效率的提高、工程材料或产品的及时配送和存储。然而，目前的研究仍局限于建筑供应链某一部分（如工程现场）的相关问题(如运输费用)，很少有研究着眼于对整个物流过程的梳理和各方面问题的协同解决。

2.3 工程物流

2.3.1 工程物流的定义

20 世纪 80 年代末，物流管理开始在建筑业流行起来。在建筑行业，物流包括计划、组织、协调和控制工程材料从原材料的提取直至安装于建筑产品相关位置整个过程的流动。工程物流中往往多个流程同时进行，例如材料的供应、存储、加工和处理，人力资源供给，进度控制，现场设备和基础设施的定位，工程现场物流管理以及与所有物流和业务流程相关的信息管理。

物流过程是材料从供应商处进入组织范围，通过在各个组织内部的流通运作，最后交付于用户。如果将材料从供应商处进入组织范围的移动称为物流流入，将材料向用户交付的过程称为物流流出，那么工程材料的管理实际上就是对材料在组织内部流动的管理（见图 2-4）。

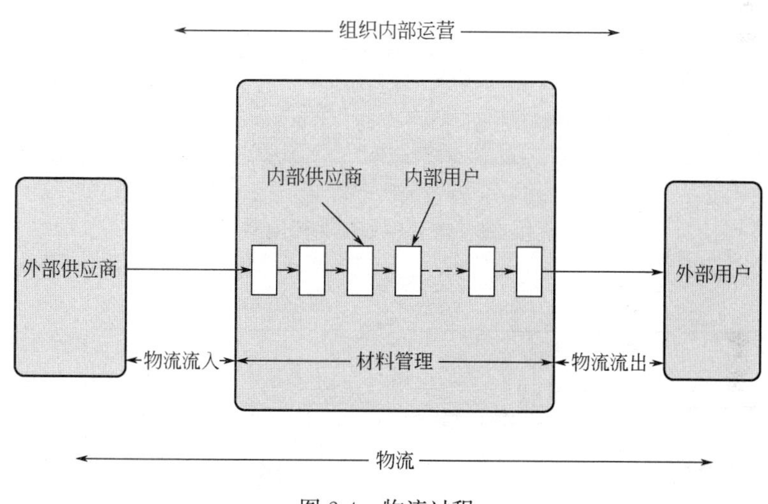

图 2-4　物流过程

因此，对于一个建设工程项目，施工现场可以看作是一个外部用户，原材料供应商是物流链中的外部供应商。利用原材料进行的生产和成品的存储就是组织内部的材料管理。当多个供应商和工程项目同时处于物流系统中时，它们便形成了工程供应链物流网络（见图 2-5）。

为了便于对物流网络进行深入研究，本书首先只考虑单个建筑工程的一种工程材料供应过程，这样工程物流过程被分为场外物流和场内物流（见图 2-6）。

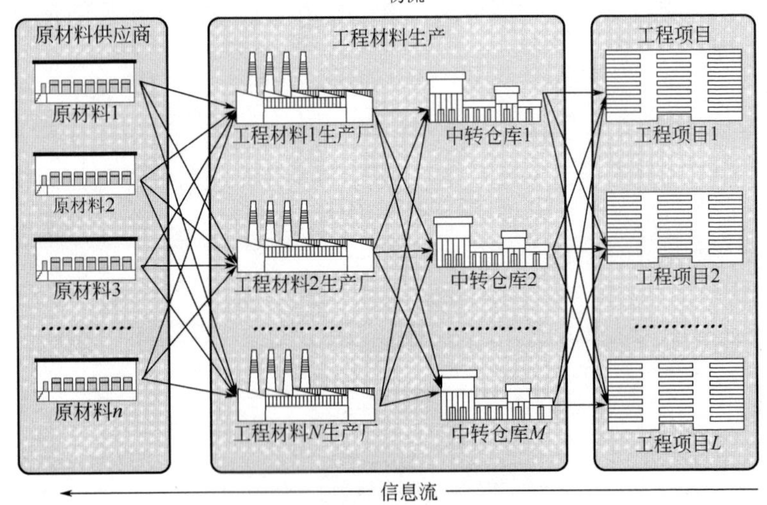

图 2-5　工程供应链物流网络

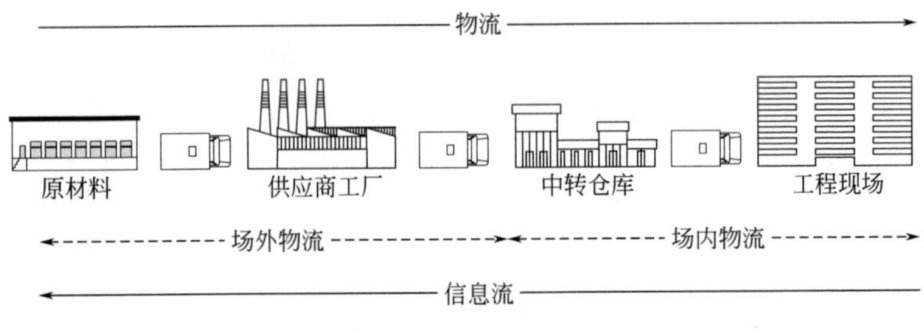

图 2-6　单个项目工程物流

场外物流是工程材料到达施工现场之前的所有活动，包括所供应资源（材料、设备和人力）的采购、供应商工厂存储、运输至中转仓库等活动。在整个施工工期内这一过程是一个循环往复的过程。场内物流主要包括中转仓库管理、中转仓库到工程现场的运输环节以及工程现场的材料流动，即场地内的材料的临时存储、吊运计划和控制过程，需要确定吊运管理、场地布局、安装顺序和解决不同作业的干扰。

2.3.2 工程物流的相关研究

目前已经有较多关于工程物流的研究，但这些研究往往集中于物流过程的某一方面，对工程物流整体协同控制的研究并不多。通常关于工程物流的研究主要是对于那些在制造业已经被证明有效的先进管理技术的应用研究。这些技术经常被用于对施工流程进行改进，如流程再造、精益建造和并行工程。

除此之外，其他研究涉及物流活动中的不同流程，主要包括采购、运输、库存和现场布局（见图 2-7）。例如，采购过程的研究强调工程采购系统的建设。批量和路径问题是运输和配送过程研究的重点。在库存研究中，研究人员考虑的是如何获得最优库存量。其他的研究还包括利用知识系统、模糊理论和遗传算法进行现场布局的改进。

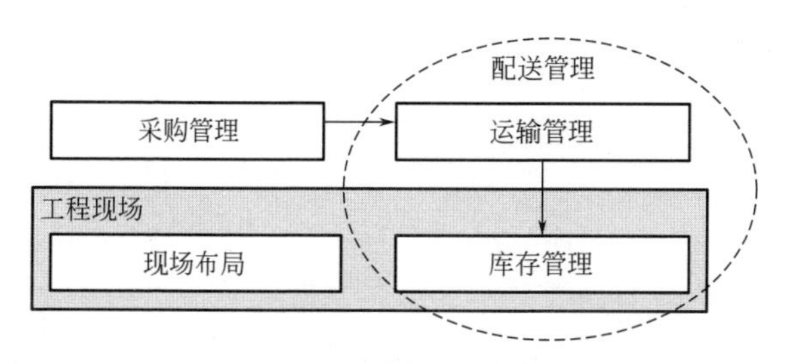

图 2-7 工程物流管理主要研究领域

以上研究从物流的不同方面将计划和成本问题分开进行分析，或是仅侧重一些模拟方法的应用，如 LP/IP 方法、遗传算法、蚁群算法等，缺乏从整个物流角度考虑成本对各项计划制定的辅助作用。

2.3.3 工程物流存在的问题

在中国香港和日本等地，工程物流已应用于多个建设项目的材料管理和现场配送，用以保证项目如期进行。然而，工程相关物流实践的发展和实施仍慢于其他行业。虽然有些建筑公司有自己的物流管理系统，但这些系统并不像制造业和零售业那样有效，而且其应用的区域仅限于那些具有工程现场狭小特征的地区。建筑业仍然受到高度分散性、浪费大、生产力低下、成本超支、工期延误、矛盾和纠纷频出等问题的影响，时间和成本都浪费在了非增值的无效劳动上。一个项目的材料损耗率升高不仅会提高工程材料费，也会导致劳动生产率的损失，这些损失来自于低水平物流管理所导致的工程现场内部的多次搬运等低效施工活动。现场工作人员往往需要花费大量的时间等待材料的订购和交付。这些非增值的无效活动大概占到整个项目从开始到完工交付所有活动进程的 40%。产品运送和装卸的延误、工程现场后续的各种搬运活动以及工程材料的损坏和返工都会增加不必要的时间，而这些时间在一个组织良好的项目中是可以节约下来的。然而，引起物流管理不畅的所有问题都源于建筑业的特性。建筑业的参与者众多，各项活动相互依存，设计变更非常常见，这些都将导致成本超支和工期延误。

总的看来，施工过程中的物流问题主要局限于流程效率低和现场库存不足两个方面。根据工程物流策略论坛的报告（Strategic Forum for Construction Logistics Group—SFfC），表 2-3 对不畅的工程物流与高效的零售业、制造业物流进行了比较。

不同行业物流现状的比较　　　　表 2-3

<table>
<tr><th colspan="2">比较项目</th><th>不畅的工程物流</th><th>高效的零售业、制造业物流</th></tr>
<tr><td rowspan="3">工程现场的低效施工活动</td><td>运输荷载</td><td>经常空载或一半的载货量</td><td>不断努力稳定配送量，最大限度地提高车辆满载率和降低运输成本</td></tr>
<tr><td>配送计划</td><td>不得不等待通行或卸货指令</td><td>指定交货时间，迟交或提前交货可能被取消，供应商也将受到惩罚</td></tr>
<tr><td>装卸过程</td><td>技术工人仅有 50% 的时间在工作，剩余的时间都在等待工程材料到货</td><td>使用特殊设备卸货，并指定专业队伍进行搬运</td></tr>
</table>

续表

比较项目		不畅的工程物流	高效的零售业、制造业物流
现场存储问题	存储过程	材料在工地现场长时间存放，不可避免多次搬运	不断尝试减少库存，并确保货物按需要顺序存储在适当的位置；努力保证在适当的时候交付正确的数量
	存储损耗率	高	低
其他问题	人员培训	尽管有很多物流相关的工作，但很少有正式的工程物流技能培训	较多的物流技能培训

物流过程必须是高效的，效率可以实现以较少的资源获得特定的产品或服务，并按要求将产品或服务提供给最终用户。效率可以通过交货时间、产品数量、缺货数量和库存水平来衡量。专业的工程项目经理所面对的最具挑战性的任务就是计划、协调和控制工程项目相关的各项运营活动和资源流动。

对工程物流进行有效规划可以获得许多不同凡响的结果。美国建筑业协会（CII）通过对整个行业的调查得出以下结论：当以成本、进度、技术、质量、安全和利润为目标衡量项目的总体表现时，建筑业的管理水平仍有大幅度的改善空间。英国建筑业委员会（CIB）建议，建筑业应更具竞争力，并以减少30%的建筑成本为目标。Mohamed 和 Tucker（1996）认为，在不增加任何资源的情况下，建筑业仍有25%的时间是可以节省的。因此，物流管理是实现建筑业生产力目标的重要途径。

当工程人员对物流过程的实施效率进行评价时，他们需要从很多方面进行考虑，例如现场施工活动的计划、工程材料的配送、可能的设计变更、施工阶段的返工以及施工现场的工作条件等。许多因素阻碍了建筑业有效地解决物流问题，它们包括：

（1）施工现场没有专门的岗位负责识别采用各种物流管理措

施所带来的收益，同时也缺乏对收益进行量化的方法。

（2）工程项目是建立在一次性基础上的，项目管理团队在工程实施期间进行短期组合，在工程结束之后就会解散。因此，很难像制造业或零售业那样积累经验。

（3）在建筑业，提前的规划和设计普遍不足。

（4）决策往往是基于现金流，整个施工过程的费用并不透明，记录成本的方式不利于测算改进物流流程的潜在节约量。

（5）不像其他行业，施工信息不是基于精确的科学计算，而是经常被主观估计出来的。

（6）对物流及其使用条件的相关知识掌握不够，同时对物流管理所能创造的真正价值仍缺乏信心。

所有这些因素都导致了对工程物流效率评价方法的重视不够，工程物流管理的目的局限于现场内部的工程材料调运，以降低现场库存，避免材料损耗、缺货、退货问题的发生以及减少施工中的损坏。研究者也曾提出应通过努力提高各方之间的合作，建立合理化的流程来实现这些目标，但这仍需要通过一个系统性的工程物流计划使各方协同工作。为了明确各项物流计划的有效性，辅助管理者进行物流规划和决策，应该建立一个对从产品出库直至配送到施工现场的整个物流过程进行有效性评价的方法。

2.4 小结

本章介绍了建筑供应链管理和工程物流的相关概念和应用。供应链是由一系列活动和组织组成，帮助产品从最初的供应商转移到最终客户手中。相比之下，物流是指与时间有关的资源在位置上的移动。多个独立的物流系统相互联结起来就形成了一个完整的供应链物流管理网络。为了简便起见，本书以单个物流流程为研究对象，在前人研究的基础上，发现目前的研究大多针对建筑供应链中某个独立活动，很少有研究从整个物流过程的协同角度出发进行考量。

此外，虽然工程物流过程存在许多问题，但许多研究人员认为有效的物流活动会带来很多好处。材料配送尽早和准确地按照时点进行详细计划，对于现场存储水平的总体控制非常重要，同时也是建设项目成功的关键。但由于许多因素阻碍了建筑业有效地解决物流问题，因此也导致了对工程项目各个计划协同有效性评价方法的缺失。

第3章　装配式建筑物流活动实证分析

装配式建筑的典型类型是由预制部品部件在工地装配而成的建筑。预制来自英语“Precast”，就是先将混凝土等浇入模型使其硬化。混凝土预制构件装配式建筑是在工厂制造部品部件，在现场进行组装完成的生产方式，是工业化施工的核心。为了获得实际的装配式建筑工程物流过程，本书以预制构件为研究对象，以其工程物流过程实践和优化为研究目标，通过对香港和深圳两个工程物流过程的现场调研，探寻其从生产工厂到施工现场安装完毕前的所有相关流程，建立工程物流基础模型。

3.1　工程物流实践

3.1.1　中国香港高层住宅开发项目

本书所参考的中国香港项目位于香港岛坚尼地城，是一个住宅开发项目。该项目包括3栋43～49层的公寓楼，并包括停车场、会所和网球场。该项目的一个典型特征是所有上层非结构部分大量使用预制钢筋混凝土构件。每个标准层的预制构件包括墙、阳台和楼梯（见图3-1）。整个项目使用了10400个预制单元。塔式起重机是现场吊运部件的主要设备。像香港大多数施工现场一样，这个项目的施工现场周围建筑物非常密集，施工现场非常拥挤，大量笨重的预制构件要求有效的物流管理（见图3-2）。

该项目是香港建筑业的典型案例，场地有限，预制构件比例很高，而且构件基本是从其他城市生产和运输到施工现场或中转仓库的。这类项目通常要求项目成员之间紧密的信息沟通以及细

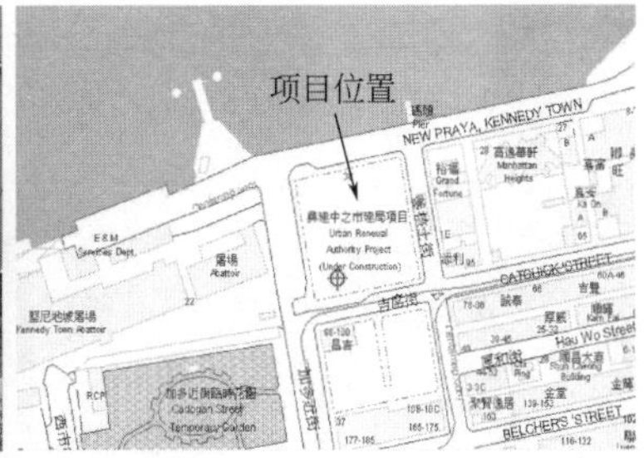

图 3-1　中国香港项目工程现场

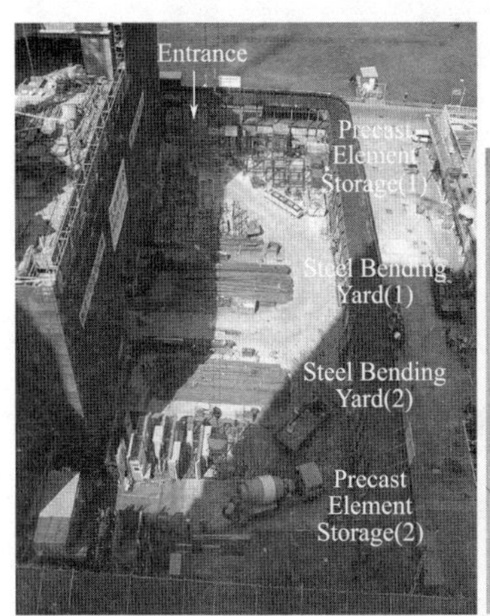

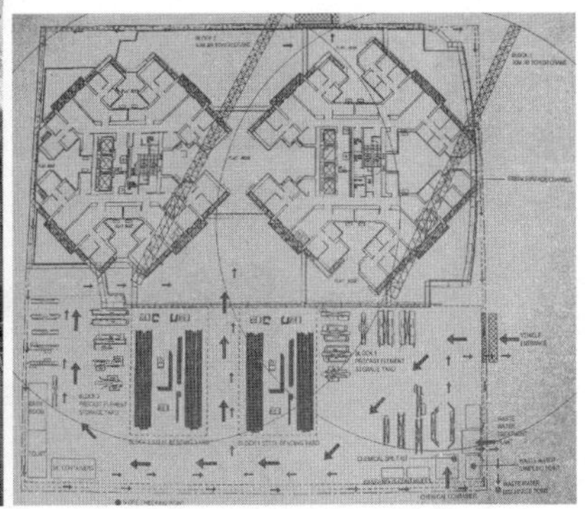

图 3-2　中国香港项目工程现场布局情况

致的涵盖材料配送量和配送时间的物流计划。该案例可以作为工程物流系统建设的基本原型。从生产到最终安装过程预制混凝土构件的物流过程可分为五个阶段：

（1）12.192m（40ft）的卡车（以下简称“长车”）用来从东莞的预制构件厂运送预制构件到香港元朗区的中转仓库，每车最多运输 4 个预制构件。

（2）由于香港市区禁止长车进入，因此，预制构件将再次通过 6.096m（20ft）的卡车（以下简称“短车”）从中转仓库运送到建筑工地。

（3）在到达施工现场后，预制构件被安放到指定区域的 A 型货架上（见图 3-3）。

图 3-3 预制构件被安放到现场 A 型货架上

（4）在预制构件吊运到最终安装位置之前，检验员必须对每个预制构件进行外观检查，确认无缺陷后，相关工人要为吊装进行准备，如确定起吊点和安装吊钩（见图 3-4）。

图 3-4 在 A 型货架上安装吊钩

（5）预制构件最后通过塔式起重机吊运到指定位置，并由技术工人进行定位和安装（见图 3-5）。

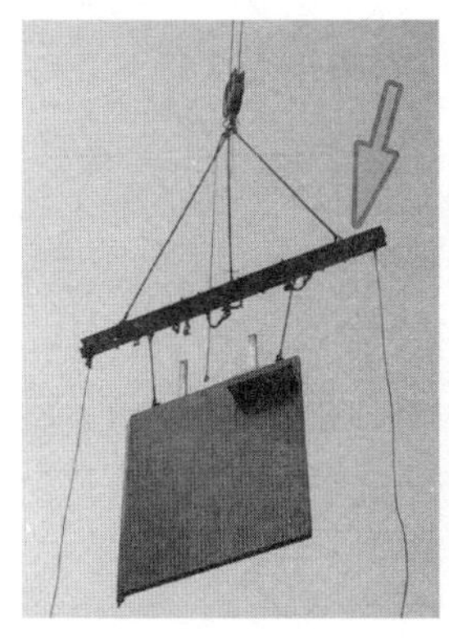

图 3-5　预制构件的吊运与安装

该项目平均每天有一批次货物运输到施工现场，每批次使用 5 辆短车，每辆短车装载两件预制构件，并在同一时间到达施工现场进行存放，等待检查和起吊。

3.1.2　深圳住宅开发项目

本书所参考的另一个装配式项目是位于深圳的某住宅群项目，该项目是中国某著名房地产企业的第一个产业化项目。该项目建筑面积 55 万 m^2，包括大约 5000 个住所单元。别墅、高层建筑和大型购物中心是该项目的主要建设对象。

该项目有大量的预制构件安装工作，包括梁、墙、楼板、阳台和楼梯。按施工计划预制构件每月分 4 次到达施工现场，每次总库存量从 128 件到 640 件不等。随着中国建筑工业化的不断推广，该房地产企业希望把这个项目作为提高其工程物流管理水平的一次尝试。该项目聘请了日本项目管理公司作为预制构件物流管理顾问。该项目的预制构件也是由设于东莞的预制构件厂提供。

该项目与香港坚尼地城项目的区别是，施工现场有足够的场地可以存放预制构件。因此，该项目在物流管理过程中并不在意库存量的问题，但这也使该项目出现了施工现场存储量较高、历时较长的问题，造成了现场管理的混乱。同时，由于该项目是该公司在物流管理方面的初步尝试，在管理过程中出现了很多由于沟通不畅造成的问题。尤其突出的问题是预制构件的采购滞后，造成预制构件生产厂的生产计划难以满足施工计划，造成了工期的延误。如图 3-6 所示，四种构件从 10 月到次年 2 月都会出现不同程度的缺货，在其中一栋建筑的 3～4 层吊装过程中，墙构件就出现了明显的缺货现象（见图 3-7）。

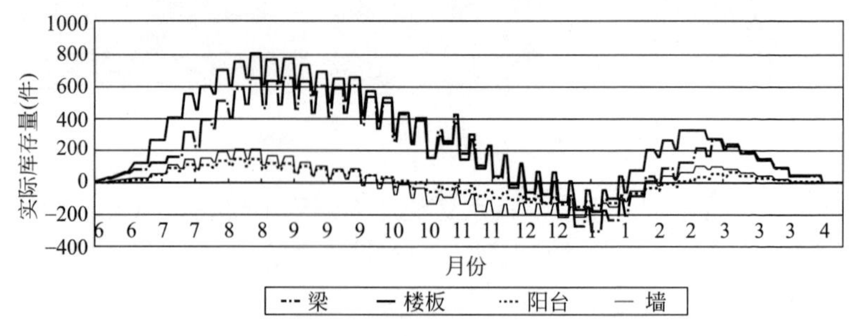

图 3-6　生产厂预制构件实际库存量

另外，该项目是 6 栋设计相似的建筑物同时建造（见图 3-8），满足了预制构件批量生产工业化原则，但也要求更加精确的项目内部各建筑物构件需求协同计划以及项目外部生产、配送相协同的物流管理计划。

尽管两个项目在工程现场面积、运送批次和建造模式上有所区别，但从物流实践的角度，香港项目与深圳项目的物流过程比较类似（见图 3-9）。

预制构件物流过程具有以下两个特点：

（1）大量的构件必须从仓库运到施工现场的指定位置；

（2）所使用的构件相对笨重，占地面积大，运输困难。预制构件生产、配送和使用的合理安排对提高整个工程物流效率至关重要。

为了对工程物流过程进行更深入的研究，本书假定预制构件

			三层生产计划					四层生产计划					五层生产计划				
			梁	楼板	阳台	墙	楼梯	梁	楼板	阳台	墙	楼梯	梁	楼板	阳台	墙	楼梯
			6		26	26	4	59	72	26	26	4	59	72	26	26	4
06	14		1		2			2									
06	15		1		4			2									
06	16		1		4		1	7									
06	17		2		4	1		8			1						
06	18	2层	1		4		1	9									
06	19	2层			4	1		9			1						
06	20	2层			4		1	11									
06	21	2层				4		7	11	4	1		2				
06	22	3层				3	1	1	11	4			9				
06	23	3层	三层吊装			3		1	11	4	1		9				
06	24	3层				3		1	11	4		1	9				
06	25	3层				4		1	11	4	1		8				
06	26	3层				2			10	4		1	10	1			
06	27	3层				2			7	2	2		7	4	2		
06	28	3层				1					1	1	1	11	4		
06	29	3层				2							1	11	4	2	
06	30	4层									2	1	1	11	4		
07	01	4层						四层吊装			5		1	10	4	2	
07	02	4层									2		1	10	4		1
07	03	4层									2			7	2	5	
07	04	4层									2			7	2	3	1
07	05	4层									2					2	
07	06	4层									2					3	1
07	07	4层									1					3	
07	08	5层														3	1
07	09	5层														2	
07	10	5层														1	

图 3-7　预制构件库存量与吊装计划比较

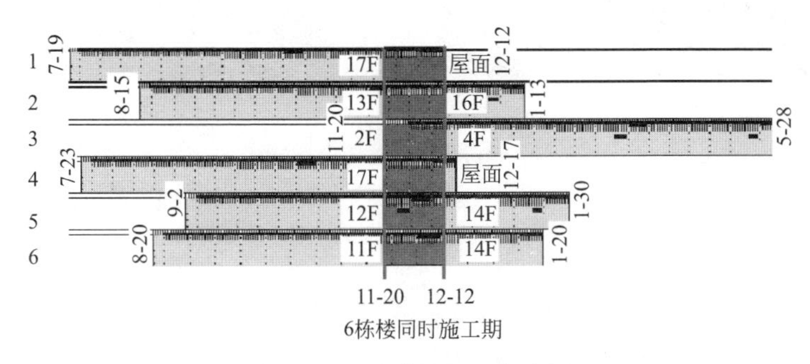

图 3-8　6 栋建筑物工期计划

图 3-9　深圳项目现场物流过程

(a) 预制构件存放现场；(b) 预制构件等待吊装；(c) 吊装过程；(d) 已安装阳台板；(e) 已吊装预制梁；(f) 已吊装预制楼梯

生产厂可完全控制其生产效率，即生产不受其他外在因素影响；此外，中转仓库有足够的能力应对施工现场对预制构件的需求，即中转仓库不会缺货。基于现场调研的结果，建立装配式建筑预制构件物流流程图（见图 3-10）。

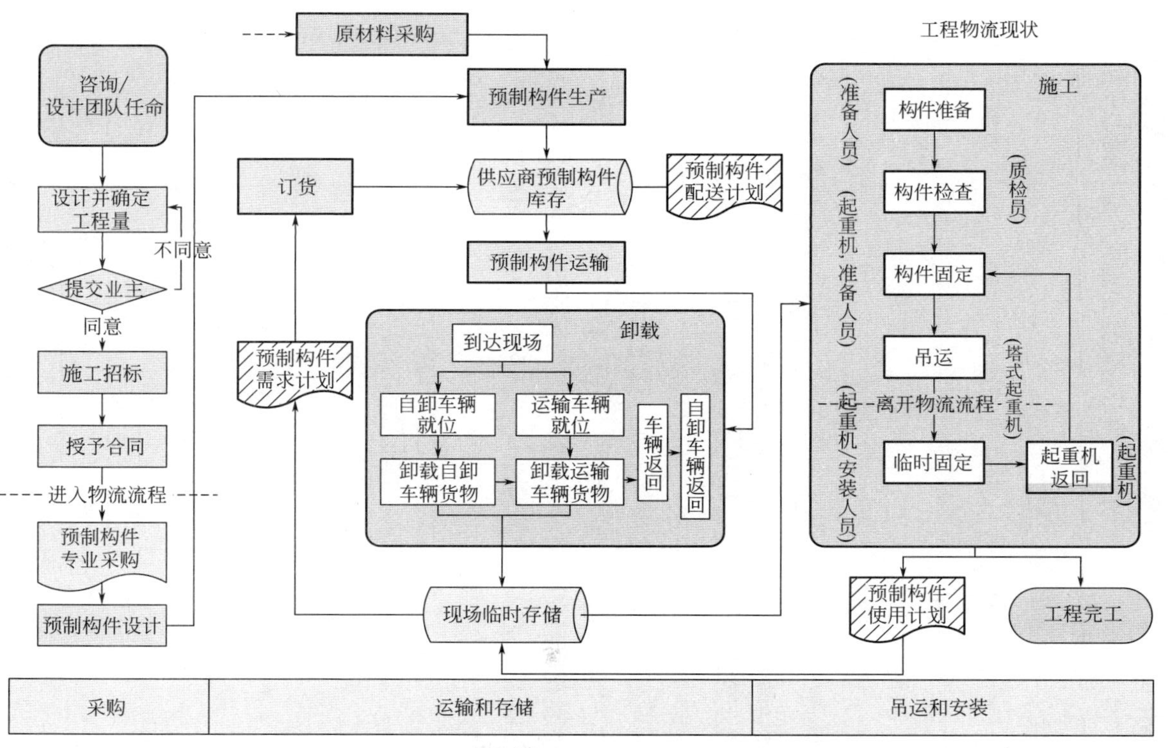

图 3-10 装配式建筑预制构件物流流程图

下面在两个项目物流实践的基础上，分别就构成工程物流过程的几项活动，即工程材料采购、预制构件存储、运输和接收以及现场存储、吊运环节进行分析，为进行工程物流成本分析提供依据。

3.2 工程材料采购

工程材料的采购是建设项目进入工程物流过程的第一个阶段。工程材料的采购总量和配送计划都是在这个阶段产生的。因此，该阶段实际上决定了后续物流过程的运转效率。工程采购的模式有较多选择，如果按照传统的设计—招标—建设模式，当业主聘请的设计单位完成设计图纸后，承包商和材料供应商将通过招投标的形式产生。在预制构件采购过程中，业主或承包商将基于生产效率、产品质量和财务状况等方面对资质合格的供应商进行比选和开展合同谈判。最后被选中的供应商就可以根据设计图纸采购原材料和制作模具，并开始生产准备工作。

如图 3-11 所示，采购过程由承包商和供应商的活动组成。承包商采购部门需要准备招标文件（确定工程材料的总采购量、交货计划和质量要求），主持投标并与中标供应商协商合同细节。对于供应商来说，他们需要准备投标文件，参与合同谈判和进行生产准备。

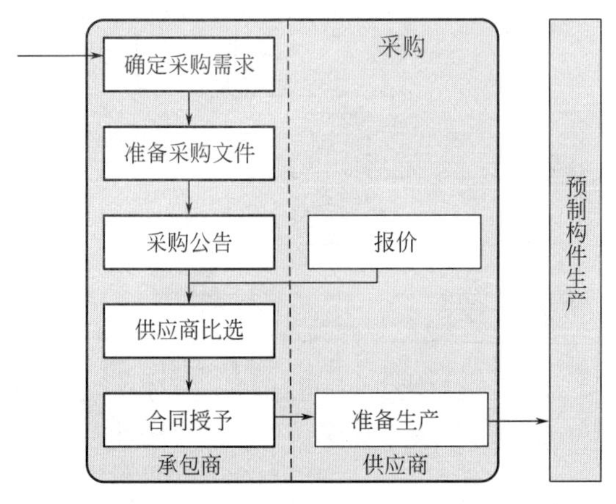

图 3-11　工程材料采购活动

3.2.1 传统建造模式下的材料采购

采购被定义为从外部供应商获取服务以解决组织内部的问题。这些服务可以由组织内的人员执行。然而，该组织可以决定是否寻求外部服务，以便降低成本、节省时间，或获得专业的或客观的服务。在建筑业，一个适当的采购系统可提高项目成功的概率。

1.工程材料采购的主要合同模式

由于客户和外部环境的特点和需求的不同，工程项目实施过程有多种模式可供选择。Hibberd（1991）认为对采购模式的选择是没有标准的定义和分类的。财政部将采购系统分为传统的设计招标建造、设计和建造、设计和管理、合同管理和施工管理等模式。而特纳（1997）根据施工过程各方关系和责任将采购模式分为四类：（1）设计和建造模式；（2）设计与管理、设计与施工相分离模式；（3）传统的设计招标建造模式；（4）项目管理模式。尽管研究者们提出的定义和分类不同，但传统的设计招标建造模式已在不同国家使用了数百年。

在传统的设计招标建造模式中，业主指定咨询顾问进行设计和成本控制。一般来说，在设计基本完成或接近完成后，业主会通过招投标模式确定主要承包商进行具体工程施工工作。这种类型的采购模式的主要特点是设计和施工过程是分离的。该模式的合同关系如图3-12所示。

2.传统合同模式下的工程材料采购

在施工过程中，当事人往往需要专业的服务以确保项目的成功，包括材料和设备供应、设计、项目管理等服务。在这些服务中，材料供应商的选择对项目最终成功至关重要，因为在整个建设过程中几乎所有的建筑材料都需要从外部供应商采购获得。

Vrijhoef和Koskela（2000）提出了在设计招标建造模式下的典型建筑供应链（见图3-13）。从图3-13可以看出，整个供应链中存在着从供货方到业主方的材料流动。而关于订货、控制和

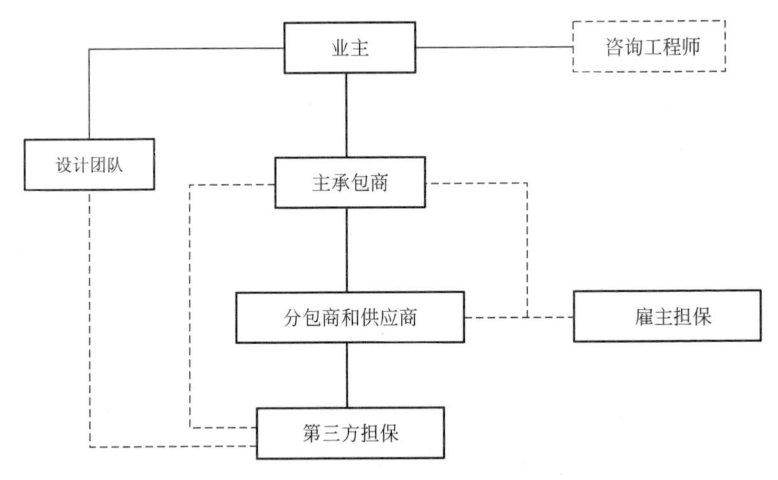

图 3-12　传统设计招标建造模式合同关系

预测的信息流则是从业主方流向供货方。因此，材料管理对采购计划的成功执行至关重要。

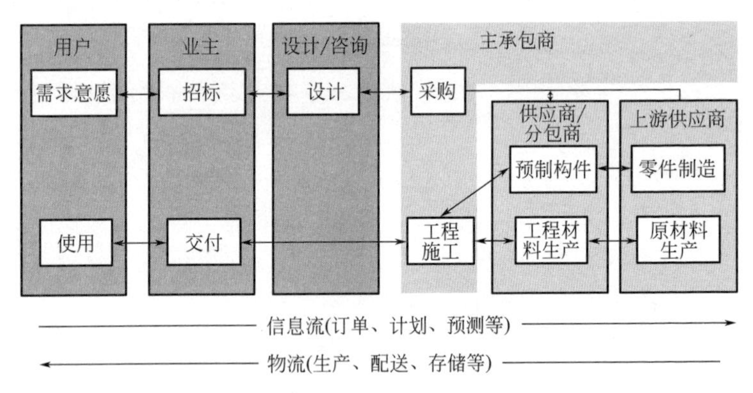

图 3-13　设计招标建造模式下的建筑供应链

在商业圆桌会议的材料管理报告中（1983）对材料管理进行了定义，即材料管理是系统计划和控制以确保质量合格、数量准确的材料和设备，以合理的成本及时运送到使用地点为目的的所有必要的努力。

Perdomo Rivera（2004）确定了设计招标建造模式下建筑供应链中典型材料管理的五个不同阶段：招标、供应商选择、材料采购、施工和施工后的保修。在这一过程中，应对以下问题做出决策：购买多少材料，何时购买这种材料，选择哪家供应商，在何处交货。

Bernold 和 Treseler（1991）对施工过程材料获得的一般流程进行了总结，即包括材料数量与规范要求、招标、评标、督促和检查生产过程、配送、存储、安装、使用和保修。前五个步骤可以被划分为采购过程，即配送之前的各个活动构成采购过程。

Hadikusumo（2005）认为供应商选择是物资采购的基础（指商品和服务的采集），卖家和买家之间建立相互可接受的条款和合同条件。它是一个在建设项目的各个阶段都会发生的活动。

3.2.2 工程材料的分类

Chandler（1978）认为工程材料可根据其预制率和现场吊装的方法进行分类。据此，他把材料分为五类：

（1）散装材料——这类材料是大量运送并存放在容器中的；

（2）袋装材料——这类材料是袋装的，便于搬运和使用；

（3）托盘材料——这类材料都是袋装材料，被放置在托盘上进行运输；

（4）包装材料——这类材料是包装在一起的，以防止运输过程中的损坏和存储过程中发生变质；

（5）松散材料——这类材料部分是需要组装或制造的，需要单独进行运输。

表 3-1 列出了一些常用的工程材料及其分类。

工程材料的分类　　表 3-1

材料	散装	袋装	托盘	包装	松散
沙子	√				
砾石	√				

续表

材料	散装	袋装	托盘	包装	松散
表土	√				
铺路砖					√
结构木材					√
水泥	√	√	√		
混凝土	√				
管道				√	√
瓷砖				√	
门			√		
电气配件				√	
预制构件					√

Stukhart（1995）认为在建设项目中使用的材料主要包括散装材料、工程材料和装配材料。

（1）散装材料——这些材料是按标准制造的，并大量购买。这种材料包括管道、混凝土和电缆等。由于数量上的不确定性，它们更难确定采购计划。

（2）工程材料——这些材料是专门为某一特定项目制造的，或者是在施工现场以外的工厂制造的。这些材料用于特殊用途。这类材料包括需要详细工程数据的材料。

（3）装配材料——这些材料组装在一起形成一个完整的部分或一个更复杂的部分。这种材料包括有孔和梁座的钢梁等。

3.2.3 工程材料采购的目标

基于成功供应链的重要性，工程项目需要有效的采购过程。在如何使采购过程更有效的问题上，研究者们持有不同的观点。Cavinato（1984）指出工程材料采购的目标应该包括最低的成本、最优的质量、保证供应和最低的管理成本。

Bernold 和 Treseler（1991）推出了“最佳购买”的概念作为建设工程项目优化供应商采购的目标。他们认为，工程材料采购中的“最佳购买”并不一定等于最优价格，而是基于对所采购商品相关因素的综合考虑，各因素的相对重要性应以特定项目的要求和约束条件为基础。

Perdomo Rivera（2004）也指出，采购的目标因项目和业主的不同偏好而不同。例如，当项目要求高质量的产品时，质量可能成为最重要的条件。在一个对完工时间有严格要求的项目中，按时交付的能力可能成为关键标准。

3.2.4 供应商的选择

1. 供应商的选择方法

采购过程可以分为两个阶段：识别潜在的合格供应商；在潜在供应商中选择。据此，我们将建筑业常用的供应商采购方法分为两类：

（1）评估潜在供应商来源的识别方法。常见的方法有：开放竞争、资格预审、合格供应商库、注册和授权名单、通过声誉识别、直接选择。

（2）从潜在供应商中选择和评价报价的方法。包括公开招标和选择性竞标、谈判投标、直接与供应商谈判、两阶段招标（融合竞标和谈判）。这些方法的选择是根据具体项目中不同的竞争要求而定的。

供应商的选择和评估被很多学者视为一个重要的初始步骤。为了得到某种工程材料的“最佳可能交易”，承包商需要决定选择哪个供应商和订购工程材料的种类和数量。

供应商选择的目标就是确定最有潜力的供应商，最大限度地满足承包商的需求，并且其他各项条件都应较为满意。从大量的各种层次和能力不同的潜在供应商中选择所需供应商是非常艰巨的任务。供应商选择决策是复杂的，因为在决策过程中涉及各种标准，其本质上是一个多条件决策（multi-criteria decision-making，MCDM）的过程。因此，研究人员应该解决的两个关键问题是确定选择标准和使用这些标准的策略。

2.供应商的选择标准

韦氏字典定义的标准为："决策或判断所依据的准则。"在选择供应商时，承包商作为决策者根据他们各自的偏好（即通常所谓的效用函数）来进行决策，每个标准的不同选项代表了承包商对标准的预期效用。反过来，供应商任何过往经历都会在其评价中产生相应的分值。

Dickson（1966）列出23个供应商的选择标准，如表3-2所示。在对供应商选择方法进行深入研究后，Weber等（1991）认为价格、交货期和质量是最常用的评价标准。他们还指出，实践中常用多重标准对供应商进行选择。Stamm和Golhar（1993）提出了供应商选择的13个标准。在这些研究中最常提到的标准是价格、配送问题、质量、供货地点和装载量等。在对选择标准的分类研究中，Roa和Kiser（1980）将60项评价标准分为六组。Yigin等（2007）将12个标准分为三组，以便在实践中根据不同条件进行选择：预选标准、公司等级标准和产品标准。供应商的选择标准通常随情况而变化。Choi和Hartley（1996）指出，以更快的配送速度、较少的订货提前期、更低的成本、更高的质量、准时交货和不间断供应为目标的企业将更受承包商青睐，因为供应商在这些环节出现问题将对承包商的建设过程造成更为严重的后果。随着供应商选择重要性的不断提高和竞争的全球化趋势，传统的采购方法已随着供应链中供应商角色的变化而发生了改变。例如，现在承包商需要考虑的是购货合同的总成本而不是单个产品的价格。整体质量（包括产品质量和服务质量）和认证问题成为评选的关键问题，而不仅仅是产品质量。在以往的研究中，质量似乎是赢得订单的主要评价标准，而价格则作为限定条件。然而，在最近的研究中，价格是决定因素，质量和其他因素成了限定条件。例如，Degraeve和Roodhooft（1999）指出价格已被视为决策的关键因素。

Dickson的供应商选择标准 **表3-2**

标准类型	标准选项
价格竞争力	供应商提供的净价(包括折扣和运费)
质量保证	供应商满足质量规格一致性的能力 供应商提供的维修服务 供应商的担保和索赔政策
配送	满足配送计划的能力 供应商工厂的位置
财务状况	供应商的财务状况和信用等级
资格预审	供应商的生产设备和能力 供应商以往的业务量 供应商的技术能力 供应商的历史业绩情况 供应商的组织和管理情况 交流系统 业务控制、质量控制和库存控制能力 在行业中的位置 劳动力管理记录
客户关系	供应商未来销售计划 供应商对买方组织的态度 供应商对本次销售的积极性 供应商遵从购买方工作流程的可能性
其他	供应商满足购买方对产品包装需求的能力 购买方在与供应商接触后的印象 购买产品后供应商提供的培训援助和教育课程

工程项目中供应商的选择有其不同的特性，由于不同的建设项目采购的需求不尽相同，工程项目的采购往往是一次性的决策过程。因此，不太强调与某些材料供应商建立稳定的合作关系。另外，由于设计和施工是分别进行的，整个施工过程都会发生各

种各样的变更，供应商必须对这些变化做出快速反应。因此，工程项目供应商的选择更加看重敏捷交付能力。资格预审是在工程材料供应商选择过程中通常采用的方法，预设的公司财务能力和资质条件等往往作为资格预审的强制性条件。每个工程项目的情况不同，承包商通常根据具体项目特征选取相应的供应商评价标准。工程材料采购需要考虑的关键指标包括：采购价格、付款方式、付款期限、预付款、提供的服务情况、货物运输和配送方式以及延伸采购、大规模采购和未来采购的可能。

3.供应商的评价方法和技术

选定评价标准对供应商进行评价是一项艰巨的任务，从大量潜在供应商中进行选择决策本质上是一个多目标决策问题。多目标分析又称为多属性分析，可协助决策者在选择项目时进行多目标评价。多目标分析是一种“折衷”的方法，它将定量和定性标准相结合，在相同的评价基础上对供应商的总体能力和无形资产情况进行打分。常用的多目标评价方法有线性加权法、数学规划法和人工智能法。

（1）线性加权法

线性加权法是多目标评价中最常用的方法，因为这种方法易于理解和操作。在线性加权模型中，需要为每个评价目标设定权重，权重越大说明该评价目标的重要性越高。每个评价目标的分值乘以它们的权重，并将结果求和就是对该供应商的评价结果。承包商可选择得分最高的供应商作为待采购工程材料的供货商。利用线性加权法进行多目标评价的基本公式如下：

$$V_j = \sum_{i=1}^{n} w_i c_{ij} \tag{3-1}$$

式中 V_j——供应商 j 的评价得分；

w_j——第 i 个评价目标的权重；

c_{ij}——供应商 j 在第 i 个评价目标下的得分。

（2）数学规划法

数学规划法是实际决策中最有效的多目标决策方法之一。它帮助决策者对决策问题建立数学目标函数，并通过改变变量值（例如订购的数量）对函数进行最大化（例如最大化利润）或最小化（例如降低成本）计算。线性规划、混合整数规划、目标规划是数学规划模型的常用技术。

（3）人工智能法

近年来，在多目标决策领域开始尝试使用人工智能技术辅助决策，例如专家系统、基于案例的推理（Case Based Reasoning，CBR）、人工神经网络和模糊理论等。

专家系统在供应商选择中的应用主要是基于对采购专家决策行为和以往数据分析而建立的计算机模拟系统进行。专家系统中将专家经验数据或规则进行记录，当需要解决采购问题时，可以调用这些规则和数据。人工智能分析人类行为，但专家系统是对人类专家在解决特定问题时经验的再现。利用计算机的运算能力和储存的专家知识，专家系统可以利用更多的数学规划模型来解决问题。

CBR 是一种智能的基于认知科学的通用模型，它利用以往类似情景下的相关信息和知识来解决问题。CBR 结合了一个认知模型用以描述人们如何运用过去的经验进行推理，并利用模拟技术来寻找和呈现这一推理过程。不同于其他人工智能方法，它提供了解决问题的范例，CBR 通过概念框架来存储操作者的经验，并向其他操作者提供这种经验，以便进行情境评估和解决方案的制定。操作者可以通过查看系统当前状态和最近的活动，并访问以前的经验来获得决策的结果。

人工神经网络（Artificial Neural Network）是一种信息处理方法，其灵感来源于哺乳动物大脑密集的相互平行的信息处理过程。神经网络是一种具有内部结构的计算机系统，模仿人脑和神经系统的运作。从理论上讲，神经网络的形成与大脑在执行任务过程中神经通路的形成是相似的。随着训练次数的增加，神经网络能够从自己的错误中吸取经验，通过调整节点的权重使某些重复性任务更准确地完成。因此，神经网络可以用来模仿买方的决策过程。此外，还可以训练神经网络识别优秀供应商的共同特征。

模糊理论用来处理缺少明确标准的决策问题。在模糊逻辑方法中，决策者在评估某标准下供应商的表现时，用语言表达的方式确定该评价标准的重要性。之后，需要将语言表达转化为模糊数，并按给定的公式进行处理，最后对供应商得分进行排序。

3.3 预制构件的存储

在采购部门确定合适的供应商后，供应商将根据施工进度进行生产。预制构件的生产主要经过以下工序：模板制作和组装；钢筋组装和钢筋布置、金属配件的预埋固定；浇筑前检查；混凝土浇筑；养护；脱模和产品检测。

一般而言，混凝土养护开始的时间要根据当地气候条件和所使用的水泥品种来确定。对于一般环境下的普通水泥品种，应在混凝土浇筑后的 12～18h 后开始养护，养护时间要持续 21～28d。为了节约场地，通过产品检查的预制混凝土构件要运到存放场地进行养护，以获得出场时要求的强度，养护后就地脱模、检查和装车。因此，仓库的场地布局非常重要，需要考虑配送时装车的顺序。在某些工程项目中，由于施工现场没有足够的场地存放预制构件，承包商往往要求预制构件在运达施工现场前在其他中转仓库进行临时存储。这种仓库通常位于供应商的工厂和建筑工地之间。有了这个中转站，供应商在节约工程现场场地的同时又可以防止因交通问题或预制构件短缺而引起的延误。

无论预制构件是存储在供应商工厂，还是中转仓库亦或施工现场，都要注意以下两个问题：

（1）妥善储存已检查合格的预制构件，确保其在外力作用下不会出现翻倒或坠落。

（2）构件经过必要的养护后，应避免结合用金属件或钢筋部位生锈，同时还要避免构件中出现污垢、裂纹、破损以及有害的变形。

存储时可以采取竖放的方法也可以采取平放的方法，应根据构件的形状和配筋、表面加工的种类进行选择。

竖放时使用的架子如图 3-14 所示，常用的方式是在等间隔配置的支撑用钢管之间插入构件。当地基比较柔软时，架子有可能会陷入地面从而引起翻倒。因此，最好仔细地压实地基，然后铺上混凝土以避免雨水等将其软化。为了防止表面打滑，应采取糙面加工。

平放是指将木材或钢材的台架并排放置，然后在其上方进行水平堆积。台架的数量与构件的大小无关，原则上应在两处进行配置，并能均匀承担荷载。堆积的层数随着地基支撑力以及板厚的不同而各不相同，通常最多堆积 6 层左右（见图 3-15）。

图 3-14　预制构件竖放存储

图 3-15　预制构件平放存储

堆积存放构件时，下方构件承受着来自其上方构件所产生的累积荷载。因此，上下台架的位置如果存在偏差，那么构件中除了承受垂直荷载以外，还将承受弯曲应力或抗剪应力，所以必须配置在同一条线上。

决定台架的支撑位置时，应确保低强度混凝土不出现拉伸裂纹、自重导致的弯曲或扭曲等变形。由于构件对应建筑物完工后的设想应力进行配筋，因此，决定台架的位置时应从这方面进行考虑。对于有阳台的地板或者有屋檐的望板，最好在构件装配完成后，将台架配置于墙板所支撑的位置处（见图 3-16）。柱和梁等立体构件，需对应其各自的形状和配筋制定存储方法（见图 3-17）。

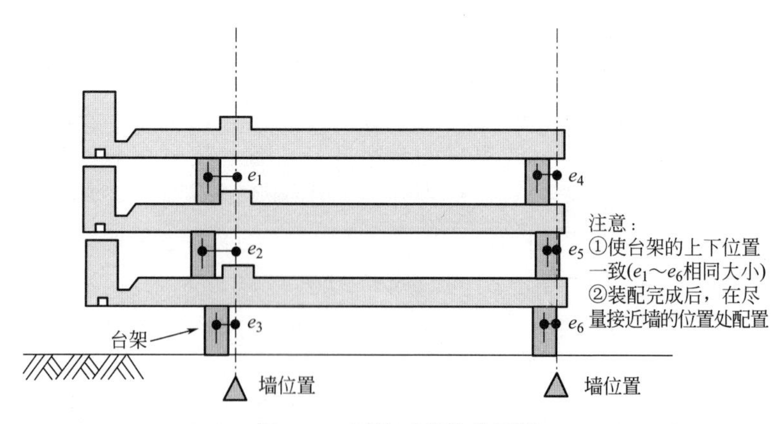

图 3-16　平放时的注意问题

图 3-17　柱和梁的存储方法

存储时除了考虑现场的装配工序外，还要区别不同的工程项目对构件分别进行整理摆放，以确保能够顺利地出厂。在构件存储过程中的主要耗材包括构件之间的垫块。块状垫块的支撑位置比较难确定和摆放，因此，预制构件存储时以条状垫块为主会减少存储过程的构件损坏和裂痕（见图 3-18）。

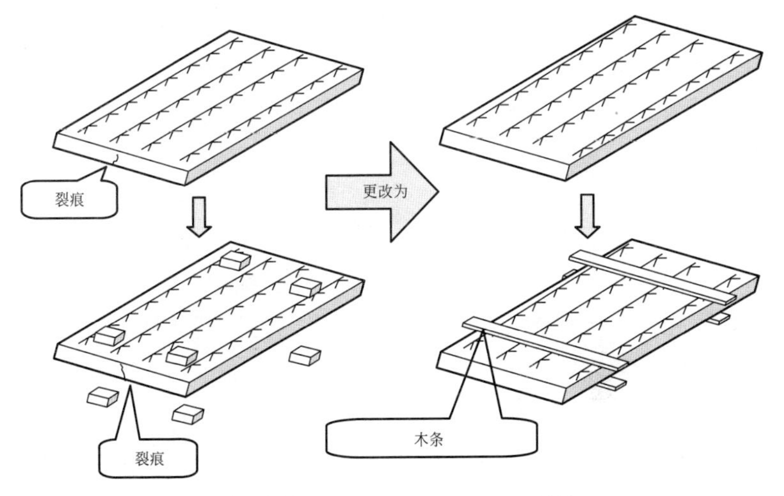

图 3-18　预制构件存储时的主要耗材

3.4　预制构件的出厂、运输与接收

3.4.1　预制构件的出厂

预制构件出厂是指预制构件在供应商工厂存储够养护期后，按照运输计划顺序装车，等待运至中转仓库或工程现场。在预制构件出厂时应注意以下问题：

（1）应依据施工计划进行构件的出厂，避免给现场的构件装配造成阻碍。构件出厂时，应事先和现场的构件装配负责人充分商讨装配工序和装配顺序，制定出厂计划书。在施工现场存储空间有限的情况下，经常采用直接从运输车辆上起吊构件进行装配的方式。此时，更要充分考虑构件的装配顺序，确定装货顺序（见图 3-19）。

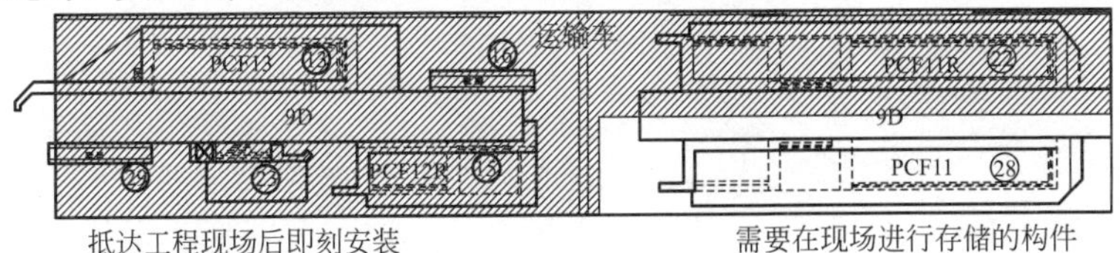

图 3-19　车辆上的构件布局

（2）构件出厂时，应确认构件混凝土的压缩强度已达到出厂日所需强度以上，同时还应围绕构件的裂纹、破损以及变形等内容进行目视检查，确认无异常。此外，有时候裂纹、破损以及变形会出现在搬运途中，因此，运输负责人在装货时应仔细确认运输前的构件状况，分清责任。

（3）在往运输车上装货时，生产人员应确认工程名称、构件名称（编号）、生产年月日以及检查合格的标记。在构件出厂时应填写构件出厂检查表，注明出厂状况。构件到达施工现场时，现场管理人员应填写构件接收检查表，注明构件到达施工现场的状况，以便明确构件损坏责任。另外，可尝试利用 BIM 技术进行数据记录（具体可见第 5 章）。为了避免搬运途中出现裂纹、破损以及变形等缺陷，预制构件应在进行了充分的养护后再装货。

在构件起吊装车过程中也要特别注意起吊方式，防止起吊过程中构件的开裂。在装载阶段，预制构件通常与吊车的吊索直接连接。从理论上来说，这并不是一种正确的吊运方式。预制构件容易由于吊索的横向挤压力而产生裂痕，因此，专家建议使用支架进行吊运工作（见图 3-20）。

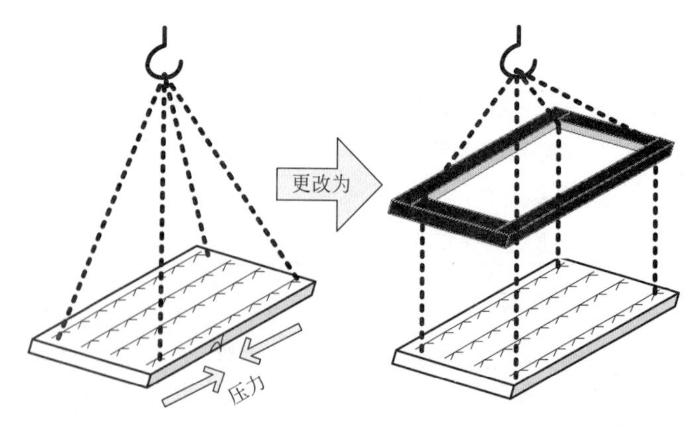

图 3-20　构件起吊装车

3.4.2 预制构件的运输

预制构件的运输是供应商与施工现场连接的关键环节，是场地之间的物质流动。运输效率对提升供应链竞争力至关重要。从供应链管理角度来看，大批量的有计划的运输可实现规模经济，提高物流效率。高性价比的运输有助于获得高质量低成本的工程材料，在一定程度上也会降低承包商实际的购买价格。这时预制构件的配送计划需要配合工程项目的现场施工计划，从供应商工厂运抵施工现场。如果需要设立中转仓库，预制构件将首先传送到中转仓库，然后根据需求时间表运送到工程现场（见图 3-21）。同时，要认真考虑搬运路径、使用车型、装车方法等，特别是所用卡车或拖车也要根据构件的大小、质量、搬运距离、道路路况等进行选择。

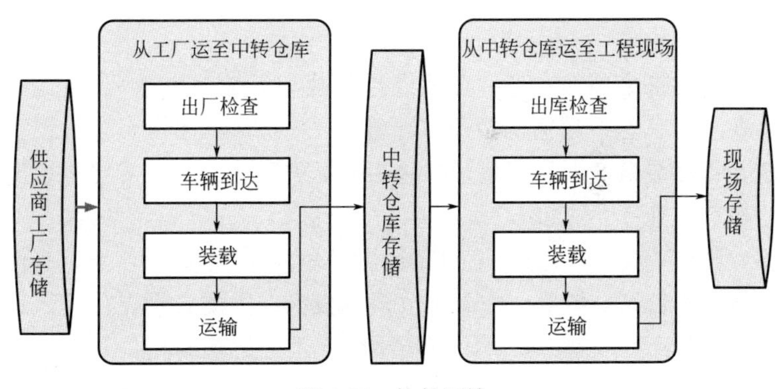

图 3-21 构件运输

此外，在运输过程中为了避免构件出现裂纹、破损以及变形等缺陷，应根据构件的尺寸和形状选择合适的运输车辆以及车载台架进行构件的运输，并注意以下方面：

（1）选定适合构件运输的运输车辆和停放台架。

（2）小心仔细地进行装卸货作业。

（3）在运输车辆上的停放台架或货架之间加入缓冲材料。

（4）为了避免运输途中构件出现松动或移动，应使用钢缆或夹具进行固定。

（5）按照计划线路安全行驶，避免突然加速或急刹车。

在运输过程中，平放构件时货架的扭曲会导致构件出现裂纹，除此之外，如果从台架垫块位置处伸出的部分过大，那么移动中的振动也将会导致构件出现裂纹。因此，除了小型构件以及必须平放的构件以外，尽量采取竖放的方式进行运输。考虑到紧急刹车等因素，装货时应在构件之间以及接触固定钢缆的部分夹入缓冲材料进行固定。

近年来，随着预制施工方法适用范围的不断扩大，工程中使用的构件的种类也在增加，并且越来越多样化。进行构件运输时，必须综合考虑构件的形状和质量、运输距离、道路状况、作业场所进场路线以及经济性等因素后，选定运输构件所使用的运输车辆以及车载台架样式。各类构件的装载方法如下：

1. 柱构件

柱构件大多在水平状态下进行装载和运输（平放），但是也有在垂直状态下运输的情况（竖放）。平放时，货物摆放比较稳定，可以装载 2 层。但是运入施工现场进行装配时，需要再次进行抬起作业。

竖放情况下，运入施工现场后可以直接进行起吊作业，其作业效率比较高。但是，由于堆放高度较高，因此必须提前确认运输途中的高度限制。此外，还需要充分考虑运输时构件翻倒的相关对策。柱构件平放以及柱构件竖放情况如图 3-22、图 3-23 所示。

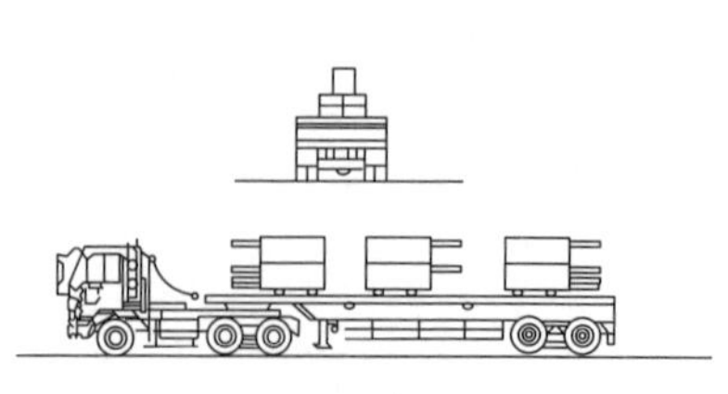

图 3-22　柱构件平放运输

图 3-23　柱构件竖放运输

2. 梁构件

梁构件通常采取平放的方式进行运输。在装载质量允许的范围内可以堆放 2 层左右，但是必须通过钢缆与车体绑牢，以防止滚落。决定台架的位置时，除了要考虑构件的配筋以外，还必须避免运输途中出现裂纹。梁构件平放如图 3-24 所示。

图 3-24　梁构件平放运输

3. 墙构件及地面构件

墙构件的运输方法包括竖放和平放两种。平放时，在运入施工现场后，需要采取抬起作业，这一点与柱构件相同，但是除此之外，还需要注意台架的设置位置。也就是说，在墙构件平放的情况下，有时会出现未考虑平面外部施加应力的情况。例如，自重导致的应力、运输途中车辆振动导致的外力容易使构件出现裂纹。此外，还需要采取相应对策避免台架弄脏构件。

地面构件的运输与墙构件相同，也分为竖放和平放两种。竖放时，与墙构件的情况正好相反，在运入施工现场后，需要将构件重新放平。在平放的情况下，与墙构件或梁构件相同，需要在确认构件的配筋后采取相应对策，以避免运输途中出现裂纹。

通过竖放的方式搬运墙构件和地面构件时使用的运输台架以及运输中的照片如图 3-25～图 3-27 所示。

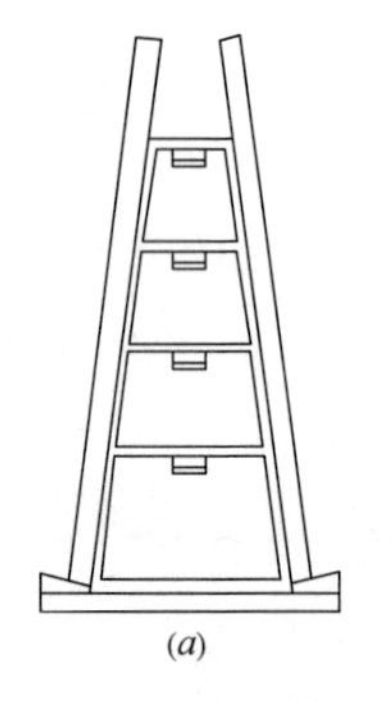

(a)　　　　　(b)

图 3-25　竖放时使用的搬运支架

（a）2 片竖放；（b）3 片竖放

图 3-26　地面构件竖放运输

图 3-27　墙构件竖放运输

4.其他构件

其他构件包括楼梯构件、阳台构件、各类合成构件（半预制构件）等。由于各种构件的形状及配筋有所不同，因此需要逐个讨论后，制定装载方案。此时的注意事项包括：运输时的稳定性，通过核对截面和配筋防止裂纹，并保证进入施工现场后的作业效率等。此外，在这些构件中，形状不规则的构件较多，有时需要实施加固后进行运输。楼梯构件装载方法以及运输阳台板时的加固方式如图 3-28 和图 3-29 所示。

在装载过程中，通常由吊车或者带有吊运装置的货车进行起吊和装载。图 3-30 所示为起重式卡车为运输车辆装载墙构件，起重式卡车装货后再帮助其他卡车装货。

图 3-28　楼梯构件装载方法

图 3-29　运输阳台板时的加固方式

图 3-30　构件装载

3.4.3　预制构件的接收和现场存储

1. 预制构件的接收

当预制构件到达施工现场后，需要将其卸到临时存放地点或固定在指定位置（见图 3-31）。很少有研究注意到这一过程的成本。目前，有关施工现场工作内容的研究主要集中在现场布局分析上。然而，物流过程的末端是预制构件的现场存储。一旦预制构件离开现场存储位置准备吊装时，整个流程就由物流环节进入了工程施工环节。因此，在物流成本分析中需要包含卸载和现场存储过程所产生的费用。而在工程造价中，这部分费用也是包含在设备及工器具购置费中的运杂费里。

接收构件时，首先应检查工厂的出厂检查表，确认工厂的已

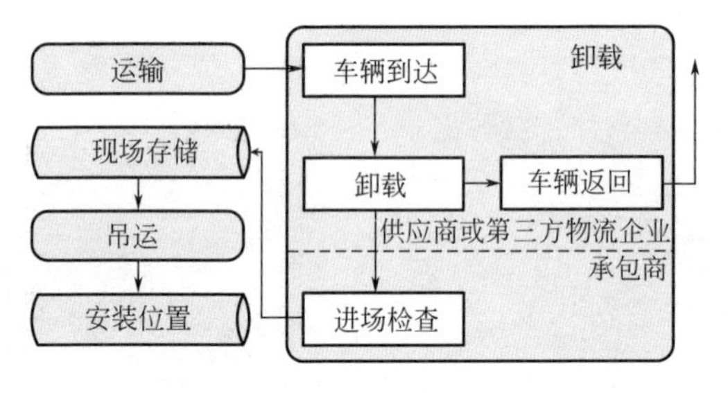

图 3-31　构件卸载和现场存储

检查标记。然后检查搬运过程中是否出现裂纹、破损以及变形等缺陷。检查方法以及判定标准依据出厂检查。不符合判定标准的构件不得接收。将构件临时放置在施工现场时，应在充分考虑构件的形状以及重心后设计支架。避免存储过程中构件出现有害的裂纹、破损、变形、污垢等缺陷。此外，还要采取合理的安全措施。

将构件运入工程现场进行接收时，与构件质量有关的责任区分一般如下：从生产工厂向工程现场运送直至入场并卸货之前产生的质量问题由生产工厂方负责，从运输车辆中卸货以后的质量问题由工程现场方负责。构件的接收检查大多在车上进行，但是对于形状特殊或者需要特别注意的构件，可以从运输车辆中卸下，放入专用的支架上进行仔细检查。

关于构件的形状尺寸、浇筑部件等详细的产品检查，在构件生产工厂内开展的生产工序中检查以及最终产品检查中已经实施完毕，并且施工方会派代表参与检查。因此，接收阶段除了确认工程名称、构件编号、生产年月日以及已检查的标记以外，将主要围绕装载构件以及运输途中可能出现的裂纹、破损以及变形等状况进行检查。需要特别注意从构件中凸出的埋入金属件以及钢筋等的状况。

判定标准及其处理方法应由设计者和生产工厂协商后加以明确制定。对于判定标准认为不可接收、需采取废弃处理的构件，为了避免与其他构件混淆，应采取用红漆做记号等处理方式。

装配构件时，如果物流计划与施工计划配合完美，可直接从运输车辆中起吊构件进行装配。因此，为了在短时间内进行可靠的检查，必须预先熟知设计图和规格图等资料。预先指定检查的负责人，并提前进行教育和培训是非常重要的。

当安装后或者交付后出现问题时，为了便于查明其原因，应该将所有构件生产工厂发放的检查表、现场接收检查时的检查结果以及对应记录等资料加以妥善保管。

2.预制构件的现场存储

装配构件时，通常是在构件入场后通过装配用吊车直接从运输车辆中取货进行装配。但是，当工厂和施工现场的距离比较远、由于交通状况复杂使得构件难以按计划入场，从而给装配工序带来不便时，或者天气条件发生剧烈变化时，也会将构件临时放置在施工现场。临时放置在施工现场时，必须预先制定临时放置计划。

制定临时放置计划时，应综合考虑装配时的机械以及工作人员的活动路线、临时放置构件的质量保证、临时放置的数量以及安全性等方面后，围绕放置场所的位置、面积、地基的倾斜和性状、临时放置的构件形态以及支架等内容进行讨论。支架必须牢固，为了避免出现构件的翻倒、裂纹、弯曲或扭曲等情况，应在考虑构件的形状、质量以及重心的位置后讨论支架的配置。此外，应考虑装配时的构件起吊方法以及装配构件时的状态，决定构件的临时放置形态。特别是在起吊构件的过程中需要实施抬起作业的情况下，由于构件会产生弯曲或扭曲，因此容易出现裂纹或端部缺损等现象，这方面也需要进行充分的讨论。

（1）墙构件：墙构件的支架往往采用工厂内使用的混凝土制的支架，有时也使用钢管等进行装配。此时，应采取合理的措施使支架的脚部固定在地基中，并且设计斜撑来防止翻倒。

（2）地面构件：地面构件应平放，为了确保水平，应设置 2 根台架。台架的间隔应确保放置构件时弯曲应力最小。此外，地面构件大多采取重叠放置，此时，上方构件的台架和下方构件的台架应处于相同的平面位置。堆放的层数随着构件形状等的不同而各不相同，出于质量和安全性的考虑，一般在5～6片以内，在考虑建筑顺序以及种类等内容的基础上加以决定。

（3）柱构件：根据搬运时构件形态的不同，柱构件有时采取平放、有时采取竖放。出于安全性的考虑，平放时的堆积层数应设计在2层以内。此外，将柱构件竖放时，必须采取相应对策防止发生翻倒事故。

（4）梁构件：梁构件与地面构件相同，应水平放置在台架上。有时会在2层以内进行堆放，但是出于安全性的考虑，最好尽量避免堆放。

此外，临时放置构件时，除了上述结构方面的考虑外，还必须考虑存储过程的质量保证问题。例如：雨天时，应采取相应措施防止因临时放置场所的地面泥水飞溅而导致的构件污损，通过覆盖防止浇筑结合用金属件生锈等。

对于装配时需要抬起后进行起吊的构件，为了避免其脚部以及端部与支架或其他构件接触后出现缺损或伤痕等缺陷，必须围绕构件间隔、支架高度以及缓冲材料的位置和材质等方面进行讨论后，采取相应对策。

构件的临时放置作业涉及吊车作业以及挂钩作业，作业人员必须具备相应的资质。此外，进行临时放置和装配作业时应竖立禁止入内的标志。作为安全措施，临时放置场所的周围应圈起安全绳或安全栅栏。

3.5 小结

建筑战略论坛（2005）指出，物流管理不善对建筑业产生了很多负面影响。低效率物流在施工过程中的浪费可以占到建筑成本的40%。本章基于两个装配式项目的调研结果，得到了工程物流的基本框架，并对工程材料采购、供应商工程构件存储、构件出厂、构件运输、构件接收以及工程现场存储等过程的活动构成和需要注意的问题进行了深入的探讨。在此基础上，第 4 章将按照基于活动的成本分析法，对构成工程物流各项活动所消耗的资源以及资源的成本构成进行分析，建立工程物流成本评价指标函数。

第4章　工程物流成本分析

根据第3章对工程物流实践的分析，工程物流系统在进入施工现场前的流程主要包括采购管理、供应商/中转仓库库存管理、运输管理、现场库存管理，此外还包括发生在施工现场的物流即二次搬运和吊装。在对物流系统进行评价时最常用的指标是时间、成本和质量，其中成本指标往往是业主和供应商最关心的指标，也是评价物流系统有效性的重要标准。随着建筑业的快速发展，工程材料在整个工程造价中的比重不断增加，相对应的工程材料物流成本占比不断增加，对整个建设周期中的现金流量有直接的影响。详细了解、分析和控制工程物流成本对增强供应商和施工企业竞争力、降低工程成本、提高业主满意度等非常重要。因此本章在工程物流实践的基础上，利用基于活动的成本分析法，重点对工程物流成本构成进行了全面详细的分析。

本章从讨论物流成本的前期研究入手，发现目前工程物流成本研究的不足。在对基于活动的成本分析法讨论的基础上，构建工程物流成本模型。为了使成本分析更接近实际，本研究同样采用现场调查方式收集成本模型中所需的各种信息，并与时间参数进行结合，构建工程物流成本目标方程。

4.1　物流成本

4.1.1　物流成本研究现状

物流成本在销售额中的比重大约占到4%～30%，其在整个供应链成本中也占有很大的比重，尤其在如今供应链拓展到全球供应链网络系统后。以往对物流成本的研究主要集中在物流的不同阶段及其在不同行业中的应用。物流环节的各个阶段包括采购、存储和运输过程，而其中大多数研究都着眼于降低不同阶段的成本费用。例如，Lawrence 等人（1985）研究了在不同配送策略下最小化运输和存储成本的方法。其他的研究评估了在特定情况下的物流成本，例如 Kawamura 和 Lu（2007）对美国城市地区物流配送成本进行了评估。基于供应链管理、价值链和成本管理理论，Peng 等人（2007）根据物流周期对企业的物流成本进行了评估。

Zeng（2005）在总结以往物流成本研究的基础上，将物流成本研究分为两部分，一部分侧重物流战略要素的研究，另一部分关注最优物流决策的获取途径。其中，第一部分考察了物流在创造价值及对公司财务业绩影响方面的战略作用。在这一方向的研究中，Lin 等人（2001）主张使用基于活动的成本分析法确定物流成本要素构成，并为每个成本对象分配适当的物流成本。Van Damme 和 Van der Zon（1999）为了获得相关的财务信息，通过基于活动的成本分析法计算了物流成本，以帮助高层管理人员做出物流决策。Maltz 和 Ellam（1997）确定了影响外包决策的主要物流活动，并提出了使用总成本关系做出自制或购买决策的十个步骤。Sun 等人（2007）在博弈论的基础上拟定了物流收益函数，辅助企业在物流成本与物流服务水平之间获得最优决策。

关于物流成本研究的另一个重点是最优物流决策的获取途径，即通过运输成本与库存和采购成本之和确定。例如，Li 等（2006）比较了第三方物流配送模式和自主配送模式的物流成本。Lee（1986）、Russell 和 Krajewski（1991）、Tersine 和 Barman（1991）、Bertazzi 等人（1995）、Tyworth 和 Zeng（1998）通过最小化特定运输模式下的系统成本获得最优的订货/采购数量。此外，在这部分研究中，包含了由于订货数量或总价提高而产生的运费或运量的折扣。除了 Tyworth 和 Zeng（1998），这个方向的研究中所考虑的需求总量假设是确定性的，而且他们大多数都忽略了车辆路线、计划和协同问题。

4.1.2 工程物流成本研究现状

通常，建筑工程材料成本可能高达总建筑成本的70%。如果考虑机械设备的费用，这部分成本将更高。除了工程材料和机械设备的直接生产成本之外，物流成本也包含在材料成本或设备工器具购置费中。随着生产技术的不断发展，目前已没有太大的空间可以显著降低产品的直接生产成本，因此，管理者把注意力放在了物流优化方面，尽量减少与物流相关的各项成本。很多研究中强调了工程物流成本的重要性。例如，芬兰的一项实证研究显示，石膏板的总体物流成本占整个采购价格的27%。Sobotka 和 Czarnigowska (2005) 认为对工程材料消耗规模、结构和组织的各种合理化过程以及准确的交付和存储计划都可以提高项目的实施效率。

尽管业界已经认识到了工程物流的重要性，但目前关于物流方面的研究多集中在产品制造业。将工业物流与工程物流连接成为一个整体供应链系统进行的研究很少，仍然是一个相对较新的课题，缺乏系统、全面和详细的研究。但是，工程物流与工业物流又有很多相似的地方，例如建设工程物流成本可以按照 Zeng (2005) 提出的方法进行总结，即与建设领域相关的物流研究也可以分为两个方向。有趣的是，在工程领域大部分研究仍集中于工程物流在创造价值过程中的战略角色方面。例如，Sobotka 和 Czarnigowska (2005) 模拟了物流成本，以验证是否可以通过外包物流来降低成本。Kasperek 和 Lewtak (2004) 分析了物流过程如何影响建设项目的执行成本。另一个研究方向关注系统成本，包括运输成本与库存和采购费用之间的关系。然而，由于运输和库存成本一般由供应商承担，因此这方面的研究偏重于生产工厂环节。关于装配式建造方式的研究也都侧重于生产过程，主要讨论预制构件库存和运输成本的一些问题。Sobotka 和 Czarnigowska (2005) 的研究是为数不多的讨论工程物流成本的研究之一。但是他们研究的成本是从承包商的角度出发，并没有考虑供应商的投入。他们对不同配送方式的物流成本进行了比较和最小化，但没有考虑生产和施工计划对物流配送方式和工程物流成本的影响。他们研究的对象以小块的工程材料为主，如泡沫块、泡沫聚苯乙烯和陶瓷砖。在该研究中也没有对物流成本构成进行更详细的分析。

综上所述，为了更好地降低工程物流成本、进行工程物流时间成本优化，需要对从供应商仓库到施工现场安装位置的整个物流过程的成本要素进行分析，据此可以帮助项目经理和产品供应商通过成本最小化模型来评估不同物流规划方案的实施效果。通过比较评估，可以增强项目经理和供应商的合作，共同制定出协同一致的施工和物流进度计划。

4.2 装配式建筑成本概述

4.2.1 装配式建筑成本分析

建筑工业化虽然在国际上已经成为建筑业发展的大趋势，但是在我国发展较为缓慢，其主要原因除了标准化程度低之外，另一个主要原因是目前的装配式建筑相对传统现浇模式成本较高（见图 4-1）。产生这一现象的主要原因是由于行业内建筑规模较小，建筑成本无法用提升生产规模来实现降低，从而导致了装配式建筑发展受限。目前，由于预制构件厂的建设需要很大的初期

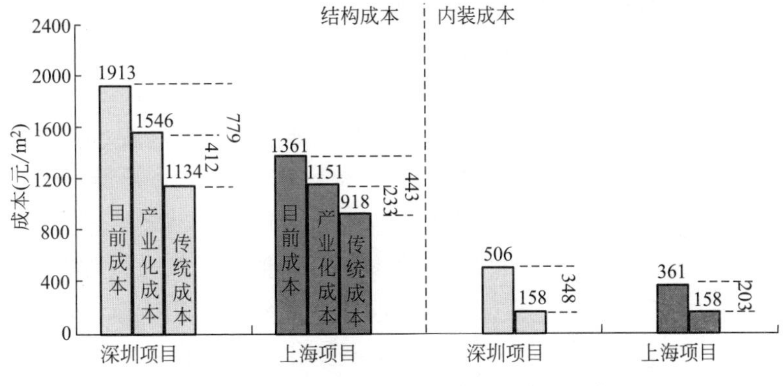

图 4-1　某企业工业化成本与传统成本对比分析

投资，预制构件相对传统现浇模式价格普遍偏高，并且构件费用中还包含了构件运输费、现场吊装费等，导致装配式建筑成本明显提高。另一个不可忽视的因素是传统建筑业采用低成本的劳动力不需要从业人员具备很高的工作素养。而从事装配式建筑施工的人员需要经过专门培训，需要更多的成本投入。因此，成本问题成为企业是否愿意施行装配式建筑的关键所在。

4.2.2 物流成本构成

物流成本要素的确定是本项研究的最大难点。在制造业中，关于物流成本的研究通常是基于物流过程。Lambert 等人（1998）和 Ferguson（2000）对物流过程进行了定义：物流过程推动了产品或服务从供应方向消费方的流动，它包括了客户服务、需求预测、库存管理、物料处理、包装、服务支持、选址、采购、逆向物流、运输和仓储等环节。与物流活动有关的成本包括以下部分：运输、仓储、订单处理/客户服务、行政管理和库存控制。基于对中国航空企业的案例研究，Zeng（2005）将关键成本项目分为六类：运输成本、库存控制成本、行政管理费、报关费用、风险成本、处置和包装成本。每个成本类别又包括一些成本细项：

（1）运输成本：运费、合并装运费、转运费、取货和交货费；

（2）库存控制成本：渠道库存、安全库存；

（3）行政管理费：订单处理、沟通、总部管理费；

（4）报关费用：清关费、外贸企业服务费、分装费；

（5）风险成本：损失/丢失/延误以及相关保险费；

（6）处置和包装成本：终端处置成本、产品处理成本、进出处理费、废品处理费、打包费。

通过制造业和建筑业物流成本的文献回顾可以看出，在建筑领域的研究仍然缺乏像制造业成本分析中那样全面、详尽的分析方法。许多研究只是概括出部分或整个物流成本的构成，并没有以物流过程为基础进行综合分析。例如，在建设工程项目中，Sobotka 和 Czarnigowska（2005）认为工程物流成本由订货成本、场内外运输成本、库存机会成本、库存成本和延迟罚款成本组成，但在该项研究中，并没有对这几项成本进行更深入的讨论。此外，以往研究也没有将工程材料供应商进行的影响工程材料成本的物流活动包括在工程物流活动中。

因此，本书在以往对工程物流及其成本研究的基础上，运用制造业常用的基于活动的成本分析法（ABC 法）对工程物流成本进行更加全面和透彻的分析。根据对香港坚尼地城装配式建筑工程现场的调研结果，以第 3 章建立的装配式构件工程物流模型为基础，为 ABC 法成本分析提供实践分析案例。为了研究现有物流，假定预制工厂完全控制其生产率，中间堆场有足够的能力对现场预制单元的要求做出相应的反应。

4.3 基于活动的成本分析法（ABC 法）

4.3.1 使用 ABC 法的原因

财务会计的作用是向外部公众报告历史财务活动结果。这对于供应链决策和成本分析来说是不够的，因为财务会计是根据历史数据分配间接成本和固定成本，而这些成本在未来很可能发生变化。会计方法是基于稳定的和可预测的市场环境、较长的产品生命周期、大规模生产以及在产品总成本中直接成本和可变成本占较大比重等假设前提进行的。但是，这些假设并不是事实，特别是对于建设工程项目，依据现有的会计方法所获取的信息并不适合辅助管理决策。

另一个引起关注的使用 ABC 法的原因是成本性质的变化。研究表明，总部管理费正以惊人的速度不断增长。而传统的成本会计准则仍然以工时或机械台班数为基础计算总部管理费，这种方法已不能真实地反映资源的实际消耗量。采用 ABC 法，总部管理费可以直接追溯，是每个单独活动或过程的可变成本。Lin 等人（2001）认为 ABC 法可进一步解释传统会计中的数据信息，使这些信息更为有效地辅助管理者决策。

ABC 法通过收集某个工作过程或整个项目的关键成本数据进行分析和使用。它被定义为“计算单个活动的成本，并根据生产产品或提供服务的活动构成将这些成本分配给成本对象（如产品和服务）”。与传统的成本分析方法相比，ABC 法为理解物流活动以及这些活动的潜在成本构成提供了更清晰、更准确的信息，能够更好地支持和监督供应链战略决策。

ABC 法已经在许多研究中用于揭示供应链和物流过程的成本构成。例如，van Damme 和 van der Zon（1999）利用 ABC 法提出了一个物流管理成本框架以支持物流管理决策。OptiRisk Systems（2008）认为 ABC 法和优化模型在对供应链决策过程确定成本和成本各相关因素方面发挥了互补作用。Lin 等人（2001）研究了物流管理和 ABC 法的历史演变，并利用 ABC 法帮助管理者提高对物流成本的理解和对这类成本的记录。尽管 ABC 法在制造业供应链和物流成本计价中得到了广泛的应用，但建筑业对 ABC 法的使用非常有限。依据制造业使用 ABC 法的经验，本书尝试利用 ABC 法揭示确定工程物流过程成本构成的途径。

4.3.2 ABC 法的主要步骤

ABC 法的基本假设是活动驱动成本，而活动是由产品或客户进行的。这与传统成本计算方法完全不同，传统成本计算方法是建立在产品直接驱动成本的假设上（见图 4-2）。了解这一基本假设对于成功进行成本分析至关重要。

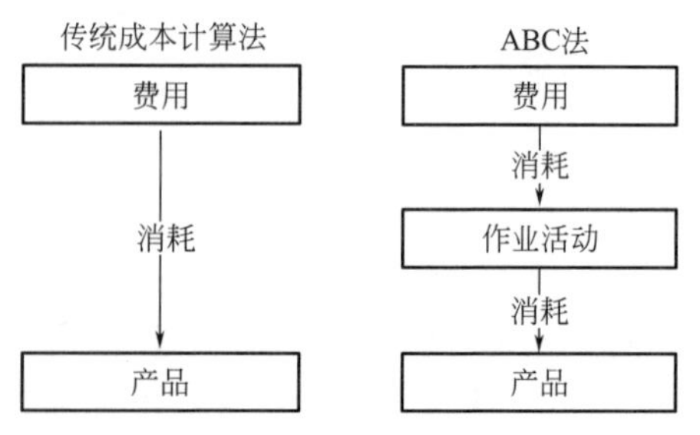

图 4-2 传统成本计算法与 ABC 法的区别

ABC 法包含四个步骤：分配和分析活动；收集成本数据并追踪与成本数据相关的活动；确定各活动成本；确定活动的驱动因素（产品或服务），并分析驱动因素成本构成。基于以往物流成本分析中对 ABC 法的应用研究，本书建立的适合工程物流过程成本分析的 ABC 法的主要步骤如下：

（1）建立成本分析小组；

（2）分析工程物流过程；

（3）建立工程物流模型，将物流过程分解为活动；

（4）识别活动消耗的资源；

（5）确定活动成本；

（6）分析物流过程的成本；

（7）确定影响物流活动成本的关键因素。

在第 3 章已经分析了装配式建筑从构件采购直至在指定位置安装的整个物流过程，建立了工程物流模型，并对工程物流过程进行了拆分，确定了各部分的主要活动要素，因此本章将从第 4 步开始。利用 ABC 法进行物流成本分析过程中，第 4 步是物流成本分析的核心。尽管 ABC 法的原理很简单，但在实践应用中，成本分析小组要对各个物流活动进行全面彻底的了解，以确保没有忽略任何活动、耗费资源和成本要素。在第 3 章确定的物流过程各个活动构成的基础上，下面将通过 ABC 法确定每个活动的成本要素。

4.4 基于活动的工程物流成本分析

根据第 3 章的研究结果，工程材料从供应商到施工现场的主要工程物流过程包括采购、供应商工厂存储、运输、中转仓库存储、到场检验、现场存储和吊运。为了全面评估工程物流活动的成本构成，所有相关的活动和子活动都在被考虑的范围内。随着对工程物流过程的深入了解，可以推导出每一物流过程与主要物流成本的关系。

为了确定工程物流过程可能发生的所有成本，在图 3-10 的基础上，图 4-3 构建了工程物流模型。该物流过程是在香港坚尼地城住宅项目的调研基础上形成的，主要对装配式构件物流过程进行了分析。图中显示了工程物流过程所包含的所有活动，下文将对这些活动资源消耗过程进行讨论。

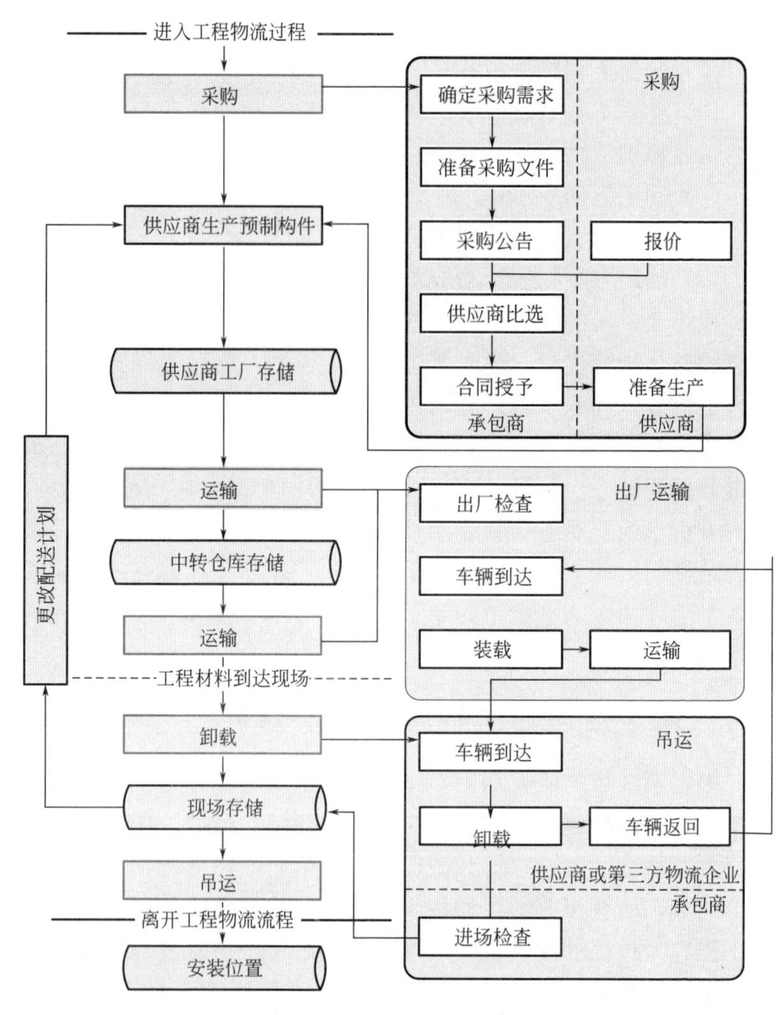

图 4-3　工程物流活动构成

4.4.1 采购成本

采购成本是指为项目寻找合适的供应商所产生的相关费用，包括合适供应商的甄选、对供应商的询价、与供应商谈判及合同细节的确定等。虽然有一些对供应商选择方法和采购策略的研究，但有关工程材料采购成本的讨论并不是很多。

在制造业中，单次采购成本往往按照企业总采购支出的2.5%～5.0%计算。然而，由于所涉及的材料数量和与供应商的关系的不同，确定采购成本的方法并不能通过简单计算得到。对于建设工程项目，由于每个项目的材料不尽相同，这一问题尤为严重。因此，本书依据 ABC 法，将与工程相关的采购资源的消耗确定为工程采购部门员工工资及与工程采购、谈判相关的办公设备的投入。而资源投入所引起的成本费用采用资源消耗量与资源单价乘积表示（见表 4-1）。

采购部门资源及成本消耗　　　　表 4-1

物流过程活动	资源类别	资源名称	资源成本	活动成本
采购	人工	采购人员	工资单价	工资单价×项目工作时间
	设备	打印机、复印机、传真、电话	损耗费率	损耗费率×工程合同价
	资金占用	差旅费	差旅费费率	差旅费费率×工程合同价

4.4.2 场外存储费

Gurmann 和 Schreiber（1990）认为库存成本是与维护仓库库存物品和维护仓库运行相关的运营成本。在工程施工过程中，无论是供应商仓库存储、中转仓库存储还是现场存储，其目的都是确保工程材料依照施工计划按时运至工程现场。Waters（1996）将库存成本的构成扩大到包括库存持有成本、短缺成本和再订货成本，而库存持有成本是安全库存占用资金的机会成本。此外，研究人员对再订货成本和增加订货量成本之间的权衡关系进行了研究。由于工程延误可能导致严重的工期拖延，因此大多数项目宁愿在现场或场外存储足够的工程材料以保证施工的连续性。

由于在考虑运输成本时，再订货成本和短缺成本被认为是延误的惩罚，因此本书在库存成本计算中并不包含这两项成本。本书中的库存成本指的是在一定的时间内存储某件货物的成本。Waters（1996）提出库存成本的组成部分包括存储空间费用、冻结资金成本、库存损失、检验费、管理费和保险。在供应商仓储环节，由于装配式构件通常存放在预制现场进行固化和存储，其库存损失较小。因此，供应商工厂的库存成本应包括检验费、管理费和冻结资金成本。劳动力、设备和材料资源的消耗构成检验费和管理费，一旦存储的工程材料总量确定，则检验费可视为固定成本。至于管理费和冻结资金成本，应与存储工程材料的数量和期限有关。对于中转仓库的存储成本，由于供应商负责租用仓储场地，因此中转仓库的库存成本由租金和冻结资金成本组成。如表4-2所示，存储过程中所消耗的人材机类型参考第3章的内容确定。

存储过程资源及成本消耗　　表4-2

物流过程活动	资源类别	资源名称	资源成本	活动成本
供应商工厂存储	人工	装卸工人	工资单价	工资单价×总装卸量
		仓库管理员	工资单价	工资单价×存储量×存储时间
	设备	装卸车辆	租金率	租金率×总装卸量
	材料	装卸用铁件	损耗率	损耗率×存储量×存储时间
		堆垛木材（存储用）	损耗率	损耗率×存储量×存储时间
	资金占用	库存占用资金机会成本	资金机会成本率	资金机会成本率×存储量×存储时间

续表

物流过程活动	资源类别	资源名称	资源成本	活动成本
中转仓库存储	资金占用	租金	租金率	租金率×存储量×存储时间
		库存占用资金机会成本	资金机会成本率	资金机会成本率×存储量×存储时间

4.4.3 运输成本

运输成本一直是一个非常普遍的研究主题。这方面的研究集中在运输路线优化、运输成本最小化等方面。运输成本通常包括货物从起点到终点的运输费以及某些附加服务费。Burns 等（1985）认为，运输成本与仓库到目的地之间的距离有关，这部分成本包括司机工资、设备成本和在途库存成本。Zeng（2005）将运输成本分解为运费（使用不同运输方式的运输成本）、合并成本（小批量货物组装成大批量货物所产生的成本）、转运费（货物在不同运输方式之间的转运费）和取货成本（在空运、铁路集运终端仓库发生取货费）。

工程物流的运输过程具有自己的特点，其成本构成与制造业运输成本的构成有很多不同。对于装配式构件的运输，要根据配送计划将所需的部件从工厂或中转仓库中提取并运送到施工现场。在运输阶段，也需要对待配送构件进行检查，以确保质量合格和正确的部件被装载、运送和卸载到施工现场。因此，工程材料的运输成本包括运输车辆司机和检验人员的工资、车辆的折旧费或租金、燃油费以及运输过程中使用的固定用材料的租金或折旧费，例如堆放用木材和金属存储架等。

在本书中，运输成本也包括了延误罚款，因为这种惩罚一般会在运输环节产生。尤其对于装配式构件往往要求以即时配送的方式到达施工现场，任何延迟都会造成施工的中断。此外，本书中所设定的延误罚款仅限于将装配式构件运送到施工现场环节。由于中转仓库往往作为工程材料的临时存储点，工程材料可以在没有时间限制的情况下运送到中转仓库。因此，这一环节不设置延误罚款。运输成本构成如表 4-3 所示。

运输过程资源及成本消耗　　表 4-3

物流过程活动	资源类别	资源名称	资源成本	活动成本
运输过程（到工程现场）	人工	司机	工资单价	工资单价×运送批次×距离
		检验员	工资单价	工资单价×运送批次
	设备	运输车辆	租金率/折旧率	租金率/折旧率×运送批次×距离
	材料	堆垛木材（运输用）	损耗率	损耗率×运输总量
		铁件（运输用）	损耗率	损耗率×运输总量
	资金占用	延误罚款	罚款比率	罚款比率×延误量
运输过程（到中转仓库）	人工	司机	工资单价	工资单价×运送批次×距离
		检验员	工资单价	工资单价×运送批次
	设备	运输车辆	租金率/折旧率	租金率/折旧率×运送批次×距离
	材料	堆垛木材（运输用）	损耗率	损耗率×运输总量
		铁件（运输用）	损耗率	损耗率×运输总量

4.4.4 现场存储与吊运成本

装配式构件到达施工现场后将被放在一个临时存储区，经施工单位检验后吊装到指定位置。与制造业相关的一些研究认为，货物到达购买方仓库后物流过程结束。但在建设工程项目中，当工程材料进入现场存储后，实际进入了场内物流环节。无论是现场存储、二次搬运还是吊装到指定位置等活动，都属于场内物流，这部分成本应该包含在工程物流成本中。

对于装配式构件主要由塔式起重机或移动式起重机将其提升并存放在指定区域进行临时存储。现场存储也需要耗费一些基本的存储材料，例如堆垛木材和金属存储架等。除此之外，现场存储占用资金机会成本和管理成本应计入工程物流成本。在构件吊运到指定位置安装使用前，现场施工人员会再次对构件的外观进行检验，并对小瑕疵进行修复。在某些情况下，这项检验工作也会在运输车辆上完成，之后直接将构件吊运到指定位置安装使用，以减少现场存储。现场存储与吊运成本构成如表 4-4 所示。

现场资源及成本消耗　　表 4-4

<table>
<tr><th>物流过程活动</th><th>资源类别</th><th>资源名称</th><th>资源成本</th><th>活动成本</th></tr>
<tr><td rowspan="7">现场存储</td><td rowspan="2">人工</td><td>装卸工人</td><td>工资单价</td><td>工资单价× 装卸次数</td></tr>
<tr><td>仓库管理员</td><td>工资单价</td><td>工资单价× 存储量×存储时间</td></tr>
<tr><td>设备</td><td>现场装卸车辆</td><td>租金率</td><td>租金率×装卸次数</td></tr>
<tr><td rowspan="2">材料</td><td>装卸用铁件</td><td>损耗率</td><td>损耗率×存储量×存储时间</td></tr>
<tr><td>堆垛木材（存储用）</td><td>损耗率</td><td>损耗率×存储量×存储时间</td></tr>
<tr><td>资金占用</td><td>库存占用资金机会成本</td><td>资金机会成本率</td><td>资金机会成本率×存储量×存储时间</td></tr>
<tr><td rowspan="3">吊运</td><td>人工</td><td>吊运工人</td><td>工资单价</td><td>工资单价× 构件总量</td></tr>
<tr><td>设备</td><td>现场吊运车辆</td><td>租金率</td><td>租金率×构件总量</td></tr>
<tr><td>材料</td><td>吊运用铁件</td><td>损耗率</td><td>损耗率×存储量</td></tr>
</table>

4.5　工程物流成本公式

工程物流成本的分配应以业主、承包商和供应商之间的合同协议为基础。一般而言，供应商工厂的存储成本和运输至中转仓库或直接运输至施工现场的费用由供应商承担。中转仓库的存储成本和由中转仓库运输至施工现场的运输费、现场存储成本、场内吊运费等由承包商承担。也就是说，工程材料进入施工现场或中转仓库前产生的物流费用，由供应商承担；工程材料进入中转仓库或施工现场后的物流费用，由承包商承担。但从本质来看，两部分物流成本都将通过合同转嫁在工程总成本中。因此，本书从工程总成本的角度考虑工程物流成本，即基于 ABC 法确定场内外工程物流过程所涵盖的各项成本要素来计算工程物流总成本，如公式（4-1）所示。

$$K_{L} = K_{P} + K_{S1} + K_{S2} + K_{T1} + K_{T2} + K_{LF} + K_{S3} \tag{4-1}$$

式中 K_{L}——工程物流成本；

K_{P}——承包商的采购成本；

K_{S1}、K_{S2}——供应商工厂和中转仓库的存储成本；

K_{T1}、K_{T2}——由供应商工厂到中转仓库以及由中转仓库到施工现场的运输成本；

K_{LF}、K_{S3}——将工程材料吊运到临时场地存储或指定位置安装使用的吊运成本以及施工现场的存储成本。

工程物流成本公式中的所有要素都是由于劳动力、设备、材料和资金等资源的消耗产生的。根据表 4-1～表 4-4，大部分成本可以用常数表示，但有一些会随着某些变量的变化而变化。表 4-5 列出了工程物流成本各组成部分的详细参数的含义。接下来将对工程物流过程的成本构成进行更细致的讨论。

工程物流成本相关参数 **表 4-5**

参数	代表含义
K_{L}	工程物流成本
K_{P}	采购成本
K_{S1}	供应商工厂存储成本
K_{S2}	中转仓库存储成本
K_{T1}	供应商工厂到中转仓库的运输成本
K_{T2}	中转仓库到施工现场的运输成本
K_{LF}	现场吊运成本
K_{S3}	现场存储成本
FC_{P}	K_{P} 中的固定成本
FC_{S1}	K_{S1} 中的固定成本

续表

参数	代表含义
FC_{T1}	K_{T1} 中的固定成本
FC_{T2}	K_{T2} 中的固定成本
FC_{LF}	K_{LF} 中的固定成本
t	$t=0,1,2,\cdots,T$ 代表存储时间
e	$e=1,2,\cdots,E$ 代表构件类型
Q	总量
$Q_{e,t}$	构件 e 在第 t 天的存储量
$N_{e,t}$	构件 e 在第 t 天的需求量
$D_{e,t}$	构件 e 在第 t 天的运送量
$C_{contract}$	合同总价
C_{unit}	构件单价
D	距离
T_{work}	工人工作时间
R_{pay}	人员工资单价
R_{pay1}	工厂检验员工资
R_{pay2}	中转仓库检验员工资
R_{pay3}	运输司机工资
$R_{administrator}$	仓库管理人员工资
$R_{depletion}$	损耗率
$R_{opportunity}$	机会成本率
$R_{traffic}$	差旅费率
R_{rent}	设备租金
$R_{penalty1}$	由于塞车造成的延误罚款
$R_{penalty2}$	由于缺货造成的延误罚款
P_{delay}	延误概率
$T_{delivery1}$	运至中转仓库的批次
$T_{delivery2}$	运至施工现场的批次
T_{load}	卸货次数

1. 采购成本

工程物流成本计算公式的第一部分是采购成本，包括施工单位采购人员工资、设备折旧费和差旅费。根据公式（4-2）所示，一旦确定了资源费率、消费量和合同价格（可以根据实际合同价），就可以计算出采购成本（K_{P}），其为一个常量。

$$K_{\mathrm{P}} = R_{\mathrm{pay}} \times T_{\mathrm{work}} + R_{\mathrm{depletion}} \times C_{\mathrm{contract}} + R_{\mathrm{traffic}} \times C_{\mathrm{contract}} = FC_{\mathrm{P}} \tag{4-2}$$

2. 供应商工厂存储成本和中转仓库存储成本

供应商工厂存储成本（K_{S1}）包括吊运费、仓库管理费和库存占用资金机会成本。不变部分由装卸过程中劳动力的工资、装卸材料消耗和装卸机械租金构成。由于装配式构件的总需要量在生产和施工之前就可根据施工图纸确定，需要装卸的总量是固定的，因此在确定了劳动力工资单价、吊运铁件损耗率和设备租金率后，装卸成本可以表示为常数 FC_{S1}。可变部分由管理成本（即仓库管理员的工资和用于存储的材料损耗成本）以及由于存储而占用的资金机会成本构成，这部分成本由所存储材料的数量和存储时间决定。可变部分的各项费率可以通过调研获得。在不同的配送方式下，K_{S1} 由公式（4-3）表示，其中变量为工程材料 e 在供应商工厂第 t 天的存储量（即 $Q_{\mathrm{S1}e,t}$）：

$$K_{\mathrm{S1}} = FC_{\mathrm{S1}} + \sum_{t=1}^{T} \sum_{e=1}^{E} (R_{\mathrm{depletion}} + R_{\mathrm{administrator}} + R_{\mathrm{opportunity}} \times C_{\mathrm{unit}}) \times Q_{\mathrm{S1}e,\ t} \tag{4-3}$$

其中 $FC_{\mathrm{S1}} = (R_{\mathrm{pay}} + R_{\mathrm{depletion}} + R_{\mathrm{rent}}) \times Q$。

中转仓库存储成本（K_{S2}）由租赁费和存储占用的资金机会成本组成，如公式（4-4）所示。同样，变量也是工程材料 e 在中转仓库第 t 天的存储量（即 $Q_{\mathrm{S2}e,t}$）。公式（4-3）中的管理费和折旧费都包含在租金中。

$$K_{\mathrm{S2}} = \sum_{t=1}^{T} \sum_{e=1}^{E} (R_{\mathrm{rent}} + R_{\mathrm{opportunity}} \times C_{\mathrm{unit}}) \times Q_{\mathrm{S2}e,\ t} \tag{4-4}$$

3. 运输成本

从供应商工厂到中转仓库的运输费通常由供应商承担，而之后由中转仓库到施工现场的运输费由施工方支付。根据供货合同运送的总量是固定的，在运输过程中为了充分提高运输效率，假设不会出现半载现象。因此运输铁件的损耗费是固定的（FC_{T}）。运输成本的可变部分包括由配送次数所决定的车辆成本、司机工资、检验成本和延误罚款。

供应商向承包商支付的罚款可能是由于运输过程中的交通堵塞或缺货等原因造成的。前一种情况无法预测或不易预防，这类罚款直接包含在运输费中。而后一种情况则是仓库库存在某一天不能满足施工需求，工程材料直至生产出后才能运送到施工现场。如果在订货阶段认真计划，这种缺货现象可以通过提高生产率和/或在中转仓库设定安全库存来防止。因此，运送至中转仓库和施工现场的运输成本可表示为公式（4-5）和公式（4-6）：

$$K_{\mathrm{T1}} = FC_{\mathrm{T1}} + R_{\mathrm{pay1}} \times T_{\mathrm{delivery1}} + (R_{\mathrm{pay3}} + R_{\mathrm{rent}}) \times T_{\mathrm{delivery1}} \times D_1 \tag{4-5}$$

$$K_{\mathrm{T2}} = FC_{\mathrm{T2}} + R_{\mathrm{pay2}} \times T_{\mathrm{delivery2}} + (R_{\mathrm{pay3}} + R_{\mathrm{rent}}) \times T_{\mathrm{delivery2}} \times D_2 + R_{\mathrm{penalty1}} \times P_{\mathrm{delay}} \times T_{\mathrm{delivery2}} + \sum_{e=1}^{E} \sum_{t=1}^{T} R_{\mathrm{penalty2}} [N_{e,t} - D_{e,t} \mid N_{e,t} > D_{e,t}] \tag{4-6}$$

其中 $FC_{\mathrm{T}} = R_{\mathrm{depletion}} \times Q$。

在公式（4-6）中由于交通问题等意外事件造成的延误罚款由配送次数和意外事件发生的概率决定。由于缺货而造成的延误罚款由缺货当天总缺货量决定。

4. 现场存储与吊运成本

当装配式构件的总量和各项费率确定后，吊运成本为固定值。现场存储成本由现场库存铁件损耗和库存占用资金机会成本组成。现场存储期间的变量是工程材料 e 在第 t 天的储存量（即 $Q_{\mathrm{S3}e,t}$）以及与卸货次数有关的卸货成本。如公式（4-7）和公式（4-8）所示。

$$K_{LF}=(R_{pay}+R_{rent}+R_{depletion})\times Q=FC_{LF} \tag{4-7}$$

$$K_{S3}=\sum_{t=1}^{T}\sum_{e=1}^{E}(R_{depletion}+R_{administrator}+R_{opportunity}\times C_{unit})\times Q_{S3e,t}+(R_{rent}+R_{pay})\times T_{load} \tag{4-8}$$

5. 工程物流总成本

将前述构成工程物流过程的所有活动成本进行组合，即可得到确定工程物流总成本的计算公式，即：

$$K_{L}=\left\{\begin{aligned}&\sum_{t=1}^{T}\sum_{e=1}^{E}(R_{depletion}+R_{administrator}+R_{opportunity}\times C_{unit})\times\\&Q_{S1e,t}+\sum_{t=1}^{T}\sum_{e=1}^{E}(R_{rent}+R_{opportunity}\times C_{unit})\times Q_{S2e,t}+\\&R_{pay1}\times T_{delivery1}+R_{pay2}\times T_{delivery2}+(R_{pay3}+R_{rent})\times\\&T_{delivery1}\times D_{1}+(R_{pay3}+R_{rent})\times T_{delivery12}\times D_{2}\\&+R_{penalty1}\times P_{delay}\times T_{delivery2}+\sum_{e=1}^{E}\sum_{t=1}^{T}R_{penalty2}[N_{e,t}-\\&D_{e,t}\mid N_{e,t}>D_{e,t}]+\sum_{t=1}^{T}\sum_{e=1}^{E}(R_{depletion}+R_{administrator}+\\&R_{opportunity}\times C_{unit})\times Q_{S3e,t}+(R_{rent}+R_{pay})\times T_{load}+FC\end{aligned}\right\} \tag{4-9}$$

其中 $FC=FC_{P}+FC_{S1}+FC_{T1}+FC_{T2}+FC_{LF}$。

工程物流成本公式考虑了工程物流过程中所有活动的成本要素，其中也包括了中转仓库的情况，因此在这一环节的运输成本和存储成本也包含在工程物流总成本中，从而形成了单个项目物流系统成本模型。在未来的研究中，考虑多项目的协同物流管理后，将形成更为复杂的供应链系统，其成本构成需要按照 ABC 法进行更大范围的分析和整理。此外，延误罚款部分考虑了由于缺货而导致的延迟情况以及由于不可抗力造成的延误。如果实际工程项目的实施情况与公式的假设相符，项目经理只要确定需要输入的参数就可得到整个工程项目的物流成本。如果实际情况不能满足假设条件，只需对公式做一些小的修改，如删除一些活动成本或利用 ABC 法增加一些活动成本。

从公式（4-9）可以看出，工程物流成本会随着生产、配送和吊装计划而发生变化。这种变化主要是由于生产、施工和配送计划对供应商工厂、中转仓库和施工现场的库存数量的影响造成的，而库存数量也是工程物流成本中的变量。由于施工现场和中转仓库的存储成本由承包商承担，因此，承包商会尽量减少施工现场和中转仓库的存货，或者不设置中转仓库，转而要求更频繁的小批量送货模式。供应商也愿意削减存储量，但他必须考虑延误的可能和导致的后果。因此，从工程物流成本公式可以看出，协同的生产、施工和配送计划是降低工程物流成本的关键。

4.6　小结

在供应商的工厂和施工现场之间，装配式构件经历了五个物流过程，它们分别是采购、供应商工厂存储、中转仓库存储、运输（供应商工厂至中转仓库、中转仓库至施工现场）、现场存储和吊运。这些过程消耗了不同类型的资源，而这些资源的消耗成本主要按照单价与消耗量乘积的方式获得。

对工程物流成本进行分析有益于承包商和供应商的成本控制。对于供应商来说，明确其所承担的物流成本有助于确定合理的供货合同价。对于承包商要求的不同配送计划，供应商在其报价中应包含所需物流成本。根据施工进度和场地布局要求，承包商需要确定安全库存量、配送计划和延误罚款。这些成本最终也反映在对业主的投标报价中。本章利用基于活动的成本分析法确定了工程材料物流过程相关的主要成本要素。通过分析工程物流总成本构成，管理者和计划人员能更好地了解工程物流活动及其相关成本，承包商和供应商可以确定供应商工厂、中转仓库和施工现场的最佳存储量，以最低的物流成本满足施工需求，从而做出更加有效的决策以增加项目成功的概率。

第5章 BIM技术在工程物流管理中的应用

随着建筑业科技的发展和市场需求的增加，以装配式建筑为代表的建筑工业化作为一种新的生产方式受到越来越多的关注、支持和推广。装配式建筑是集设计、生产、施工、管理为一体的标准化建筑，它对参建方多方协同工作、深化设计、过程仿真等工作的要求更高。而BIM技术以其可视性、协同性、仿真性及模型信息的完备性、关联性和一致性在构件物流过程所涉及的生产运输、现场存储和施工安装阶段发挥了重要的作用，通过基于BIM云的建筑业信息化资源共享平台，解决了建筑工业化发展过程中供应商、施工方和第三方物流企业物流信息集成与传递问题，达到了保证工程质量、节约成本、缩短工期、提高工作效率的目的。

5.1 BIM技术的基本特点

BIM（Building Information Modeling，建筑信息模型）技术作为创新的建筑全过程管理方法，集成了建设工程项目建设全过程的各种相关信息，是信息技术、数字技术在建设工程中的应用。BIM技术最大的特点在于协同性和仿真性，它可以协助工程建设项目实施高效率、低风险的管理。

具体来说，BIM技术的基本特点主要体现在模型信息的完备性、关联性和一致性。BIM信息包含了项目完整的信息描述，如工程名称等项目的基本信息，构件尺寸等项目的几何信息，施工工艺等项目的施工信息，保养年限、材料性质等项目的运营信息等。以上所有信息都具有完全的关联性，系统通过数据平台查看、修改或导出模型的实时信息，并按使用方的要求生成相应的文本、图形、视频等文件。若创建的BIM模型中的某一个对象的任何信息被修改，则与之相关的所有图元信息都会发生变化、更新，这也体现了模型数据的实时完备性。BIM模型在建设项目的全生命周期任一时期数据信息均应是一致的，模型上的所有数据信息能够自动保留，在项目开展的不同阶段可以根据项目的实时进展进行必要的修改和补充，改动模型任一视图中的信息，其对应于其他视图中的信息均会随之一起变化，而无需重新修改其他视图，减少了工作量，也减少了信息不一致可能出现的错误。

此外，BIM技术所呈现出的可视化、参数化、一体化特点在项目的决策、设计、建造、运维全过程中的应用，为项目的精细化建造与精细化管理提供了强大的技术支持。BIM技术所提供的可视化思路让以往以线条呈现的构件以三维、质感、动态的实物形态展示在人们面前，所见即所得。这种可视化是一种能够与构件之间形成互动和反馈性的可视，它可以展示出图形、文本、视频等多种状态。模型中的构件以图元的方式呈现，通过参数的调整反映而不是简单地改变参数值，对应的参数改变保存了图元中存在于信息化构件的所有数字信息。所有信息从决策到运营维护，甚至项目使用年限届满，汇集成一个基于三维模型的数据库，供所有使用方依据权限任务调取使用。

5.2 BIM技术在装配式建筑中应用的研究现状

Namini指出，BIM技术在工业化住宅的设计中，可以模拟构件预生产和运输过程来解决构件设计与工厂模具和运输的不协同问题。Nissen认为，BIM作为一个信息资源共享平台，可以很好地解决工业化建筑建造过程中各个团队间沟通协同的问题。

纪颖波、龙玉峰、李云贵、罗志强、吴利松等研究了BIM技术在建筑工业化中应用的优势，论述了BIM技术在建筑工业化发展中的重要作用及其发展过程中的信息化管理问题，对BIM技术在新型建筑工业化中的应用提出了相应的政策建议。赵亚军、樊骅等在研究中分析了 BIM 技术在装配式预制构件工厂建设和运营中的作用及具体应用情况。朱军、姬丽苗等就 BIM 技术在预制装配式建筑中的标准化设计进行了研究，提出了 BIM 建模标准与构件设计标准相结合的重要性问题。刘帅、龚越等就 BIM 技术与建筑工业化的协同问题进行了探讨、分析。伏玉、肖保存等在其硕士论文中阐述了 BIM 技术的应用软件，列举了不同项目参与方的 BIM 应用，并分析了 BIM 技术应用的不同层次，总结出 BIM 技术在以工业化生产方式建造的保障性住房中应用的优势、面临的问题，并提出了相应的对策与建议。

综合来看，目前将预制装配式建筑与 BIM 技术结合的研究较少，且大部分从 BIM 技术应用的优势和必要性方面加以说明，或者是只针对 BIM 技术在工程某个阶段的应用进行研究，对于 BIM 技术在物流阶段如何具体应用和协同工作的研究涉及较少。

5.3 BIM 技术在供应商物流管理中的应用

在构件的生产管理阶段，BIM 可辅助将预制构件加工信息导出，输入工厂的生产管理信息系统，指导安排生产作业计划。同时，生产阶段可借助 BIM 模型与 BIM 数据协同管理平台，并结合物联网技术，在构件生产阶段对构件内部植入 RFID 芯片，作为构件的唯一标识码，通过不断搜集整理构件信息，并将其上传到构件 BIM 模型及 BIM 云协同平台中，记录构件从设计、生产、存储、运输、吊装到后期运营维护的所有信息（见图 5-1、图 5-2）。

此外，可在 BIM 云平台打印生成的构件二维码，并将其粘贴在构件上，通过手机端扫描二维码掌握构件目前的状态信息。这些信息包含构件的名称、生产日期、安装位置编号、进场时间、验收人员、安装时间、安装人员等。无论是管理人员还是构件安装人员都可以通过扫描二维码的方式对构件的信息进行从工厂生产到施工现场的全过程跟踪、管理。通过 BIM 云平台也可在模型中定位构件的位置，用来指导后续构件的吊装、安放（见

(*a*) (*b*)

图 5-1　装配式构件 RFID 芯片植入

（*a*）叠合楼板芯片植入；（*b*）外墙板芯片植入

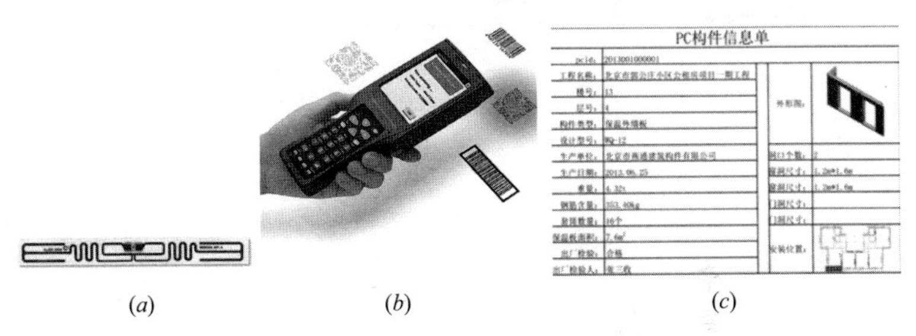

(*a*) (*b*) (*c*)

图 5-2　RFID 芯片技术与信息化平台协同

（*a*）RFID 芯片；（*b*）读取器；（*c*）装配式构件信息单

图 5-3)。利用 BIM 云平台＋物联网技术对构件进行生产管理，能够实时显示构件当前状态，便于工厂管理人员对工厂内部物流过程的管理与控制，缩短构件检查验收的程序，提高工作效率(见图 5-4)。

生产管理人员将生产计划表导入到 BIM 协同管理平台，根据构件实际生产情况对平台中的构件数据进行实时更新，分析生成构件的生产状态表和存储量表并上传到 BIM 云平台，施工承包商可根据生产计划表和存储量表对构件材料的采购进行合理安排，避免出现构件生产存储过多造成供应商工厂存储成本上升或因缺货导致的延误罚款等问题。

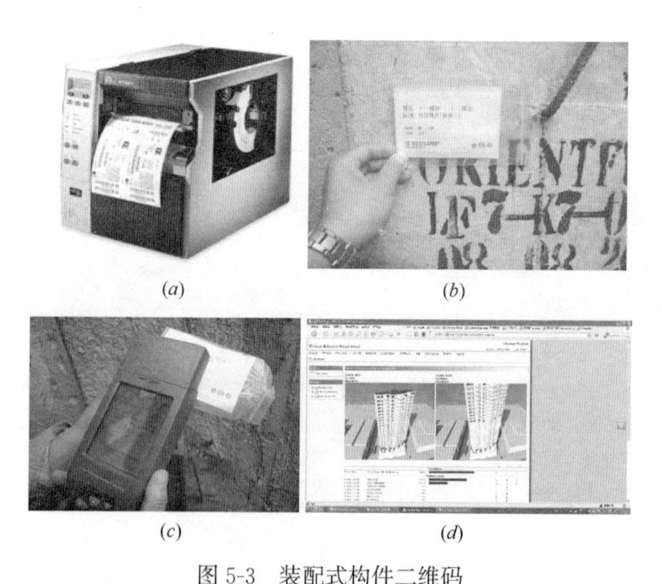

(a) (b) (c) (d)

图 5-3　装配式构件二维码

（a）二维码信息输入；（b）贴码；（c）扫码；（d）信息平台同步

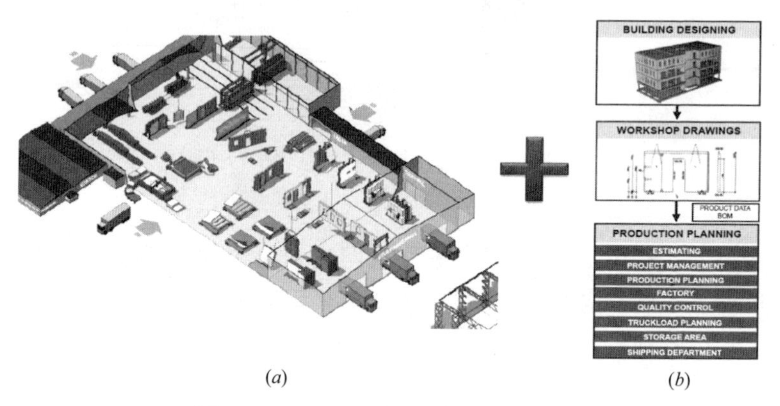

(a) (b)

图 5-4　BIM 云平台协助构件现场管理

（a）自动化预制厂；（b）企业资源规划系统

5.4　BIM 技术在施工阶段物流管理中的应用

装配式建筑施工安装之前应做好相关的计划准备工作。从物流角度主要包括与施工计划、生产计划相协同的构件配送计划。

BIM 技术在此阶段中的应用价值体现在基于 BIM 的供应商与承包商之间借助 BIM 云平台和二维码实现 4D 进度计划、构件堆场计划、构件需求计划、构件配送计划及构件生产计划的编制（见图 5-5）。在项目实施过程中，施工单位可结合现场施工情况对后期构件配送计划进行动态修订，供应商则根据修订结果确定生产进度。

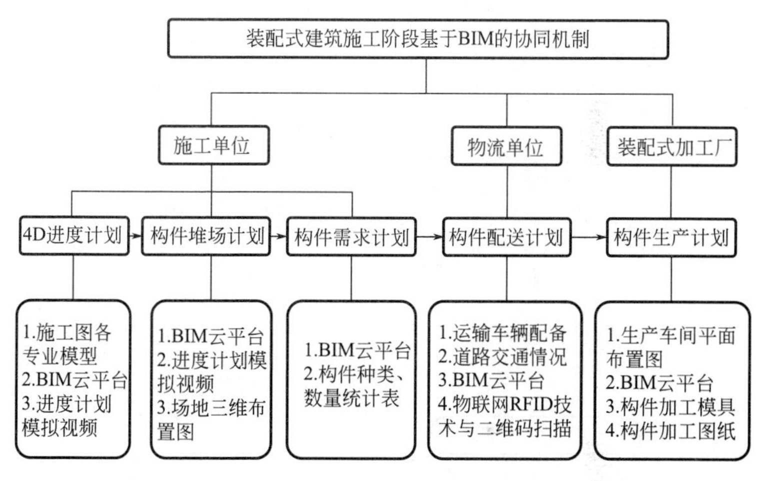

图 5-5 装配式建筑施工阶段基于 BIM 的协同机制

施工阶段涉及以施工单位为主，构件供应商协作供给构件，运输单位按要求配送等多方参与的协同作业模式。此时，需要参建人员各司其职，共同依托 BIM 信息平台完成工程项目的构件供应和安装工作。这一阶段的工作主要包括以下三个方面（见图 5-6）：

（1）施工单位按照设计人员完成的 BIM 模型和现场实际情况完成模型的深化设计，编制施工组织设计，主要包括 4D 进度计划和构件堆场计划的编制，合理组织好场地的布置与使用。接着，施工单位要依据构件的场地堆放情况与现场施工情况编制构件需求计划。

（2）物流部门依托 BIM 云平台和物联网技术，按照道路交通情况准备运输车辆，编制构件配送计划后交由装配式构件供应

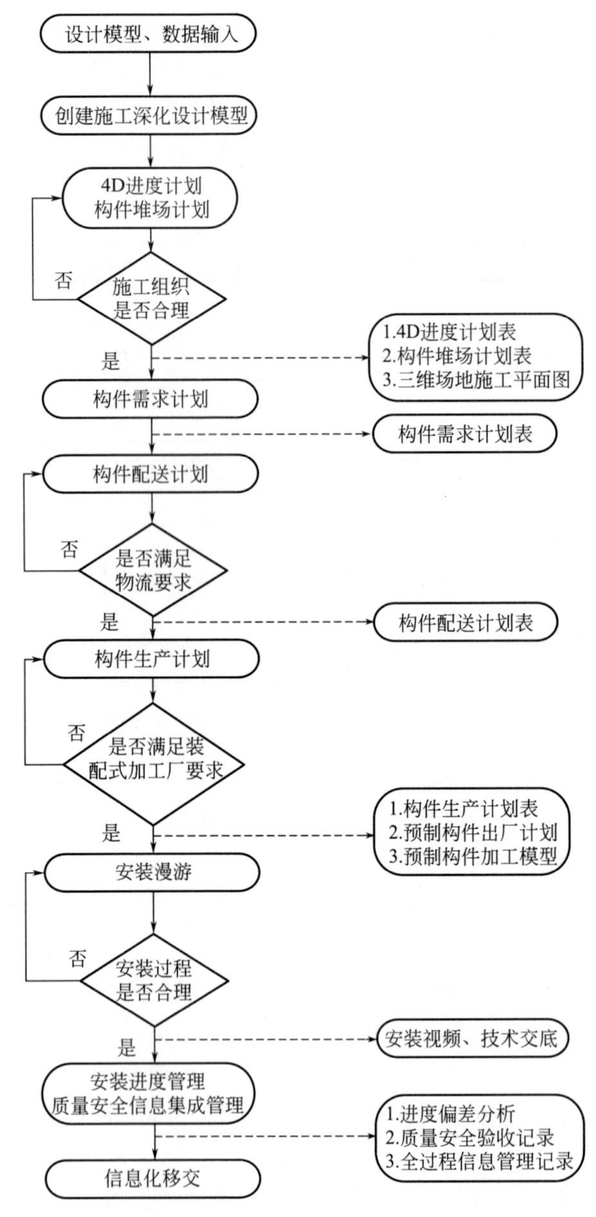

图 5-6　施工阶段 BIM 应用流程

商配合构件供给。

（3）装配式构件供应商依托 BIM 云平台，结合构件加工厂内的场地堆放能力，使用构件加工模型进行预制构件的精细化制造，在确保构件按需供给的前提下，使构件的库存量最低，以节约存储成本。

下面具体从 4D 协同计划编制、三维场地管理、构件需求、生产与配送计划、吊运与安装模拟、构件质量验收与安全检查、进度协同管理六个方面讨论 BIM 模型在装配式建筑物流管理信息交换和协同计划编制方面的应用方式。

5.4.1 4D 协同计划编制

在工程开工前，利用 BIM 技术将深化设计后的 3D-BIM 模型和场地设备模型，结合施工部署、进度计划以及相配合的生产计划和配送计划，建立 4D 模型，按天、月、周等进行施工、配送和生产进度模拟，提前发现施工计划、配送计划、生产计划以及三个计划协同过程中不合理的地方，并进行不同配送计划的方案比选，确定最优物流配送计划。管理人员可全面掌握施工工序、配送时点和生产进度主要控制节点情况，为工期的实现提供有效的保证。使用 BIM 技术对施工、配送、生产进度进行管理，在进度监控、编制、优化、跟踪方面有着明显的优势（见图 5-7）：

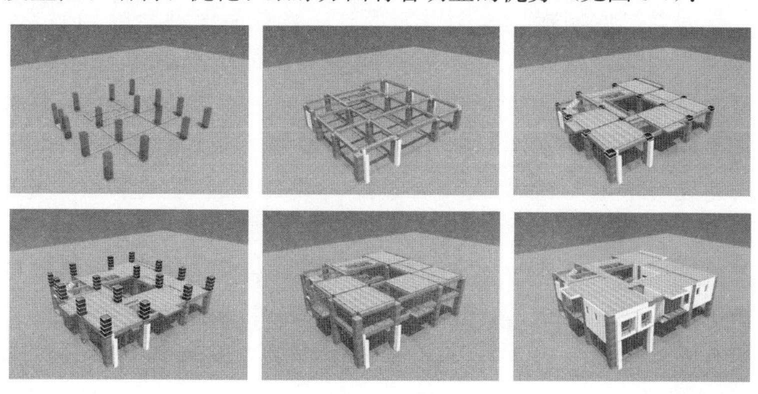

图 5-7 某项目施工进度计划模拟图

（1）在进行进度监控时，通过每周形象进度、物流计划和生产计划表直接查看工程实施情况，对可能出现的施工中断或货物供应中断进行预控。此外，也可根据需要回顾整个项目周期任意时刻的工况，对工程进度进行有效监控。

（2）在协同计划编制优化方面，可实现实时更新，相比传统的形象进度横道图，实现 4D 可视化的形象进度展示，更加直观，便于施工、物流和生产人员的理解。

5.4.2 三维场地管理

施工场地规划与布置是对施工场地地形与地貌、临时道路与设施、临时供水与供电、既有建筑及周边环境、施工区域、材料加工区域与堆场、施工机械与设施等方面进行合理的规划部署。BIM 技术可实现三维场地管理，对场地布置方案进行分析优化，更加科学、合理地布置并展示场地布置情况。

基于施工场地的二维平面布置图，应用 BIM 虚拟现实技术可构造一个虚拟建造环境，在此环境下建立施工现场、建筑构件、施工设备等的三维模型，借助三维模型和动画能够更加形象、直观地指导施工项目进行工作面布置与施工交通组织等管理工作，协助场地方案的优化（见图 5-8）。

由于装配式构件体积和质量一般都比较大，需要占用较大空间，二次搬运比较困难。而施工场地一般都会受到地形、建筑红线等限制，可利用的空间有限，现场存储需要经过合理的安排、优化，才能避免二次搬运问题。借助 BIM 技术的施工场地规划，在项目施工之前模拟好施工场地布置，合适表达场地地形与地貌、临时道路与设施、临时供水与供电、既有建筑及周边环境、施工区域、材料加工区域与堆场、施工机械与设施等布置方案，同时结合构件配送计划，合理安排构件的进场、检验、堆放、起吊、安装问题，从而有效利用有限的空间，最大化节约施工用地，减少返工，降低成本（见图 5-9）。

图 5-8　施工场地布置三维模型

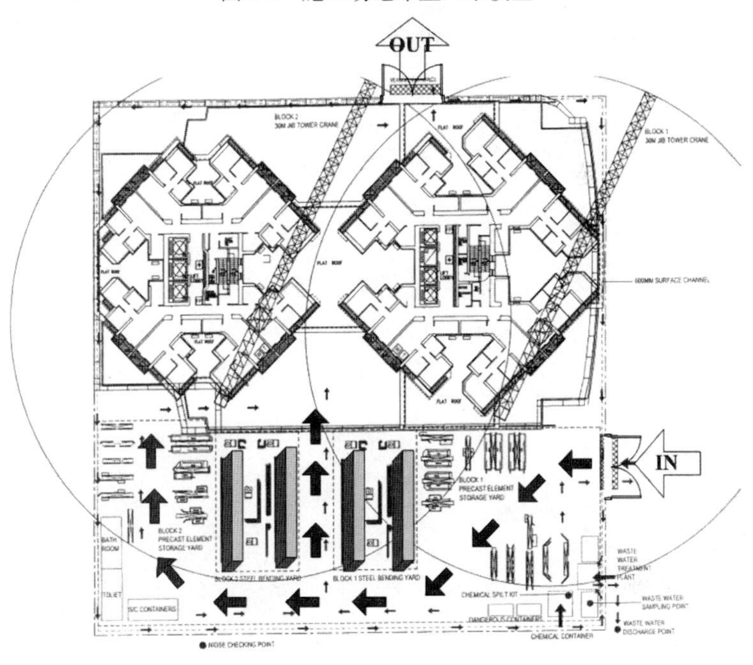

图 5-9　施工场地运输车辆进出计划

5.4.3 构件需求、生产与配送计划

1. 构件需求计划编制

施工单位在制定了4D进度计划及构件堆场计划后，即可根据实际施工情况编制构件需求计划。构件需求计划是确定装配式构件配送计划和供应商工厂生产计划的依据，也影响着施工现场的实际库存水平。施工单位根据施工方案，统计施工现场需要安装的装配式构件的种类、数量后，根据构件安装的先后顺序、安装位置等，结合施工现场场地规划，确定装配式构件的最佳存储量，以便合理安排后续的构件配送计划和构件生产计划。

2. 构件配送计划编制

物流运输单位需根据构件需求计划编制构件配送计划。编制过程应结合预制装配式构件体积大、笨重等特点，在构件运输前，首先要考虑道路交通情况和运输车辆长度、高度和载重情况。一般车辆很难满足要求时，需要使用专用的运输车辆，根据构件的不同形式模拟采用不同固定方式进行运输（见图5-10）。构件物流运输单位应与施工单位、供应商共同协商，在预制构件模型内添加构件编码、运输车辆要求、运输时间、运输路线、装卸要求等信息，并将这些信息上传到BIM云平台。通过RFID芯片或二维码将BIM模型与具体构件相关联，确定构件生产和安装的工艺顺序、生产工厂的堆放位置和工程现场的堆放位置，在保证满足施工进度要求的前提下，有效利用场地空间，避免构件存储不当造成构件二次搬运。此外，BIM云平台同时收集运

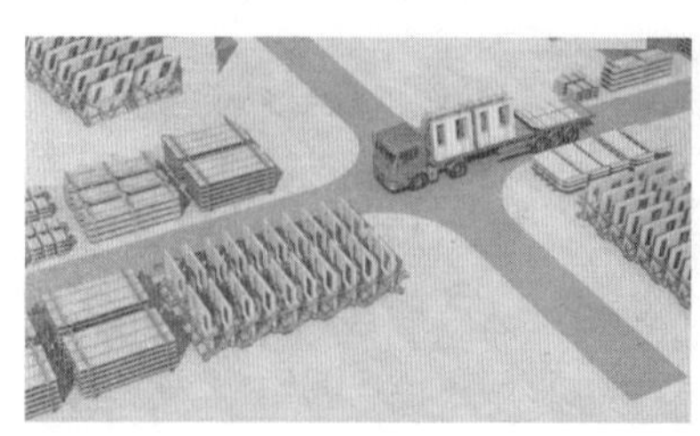

图5-10 预制构件模拟运输

输车辆的运输量和道路交通运输的时间限制等信息，以便合理安排构件运输。构件在运输的过程中，为了便于动态掌握构件运输情况，项目管理人员可将 RFID 芯片安装在运输车辆上，并将运输过程的信息及时传递到 BIM 云平台，供项目管理人员查看、跟踪构件的运输情况。

3. 构件生产计划编制

装配式构件生产厂在签订购货合同后，应根据构件加工模型、加工图纸（包括构件模具图、配筋图、预埋件详图和构件材料明细表等）组织相关人员进行技术交底和图纸审核，需要变更的地方应联系设计院、建设单位进行更改。

完成上述工作后，根据施工单位的构件需求计划、物流运输单位的构件配送计划确定构件生产计划，同时制定原材料采购及供应计划、生产线及附属设备采购计划、材料堆场计划、模具加工计划、劳动力配置计划、模具使用计划等。整个计划制定过程应考虑市场动态，不能因材料、设备、人员短缺而影响生产、物流运输和施工进度。在制定构件生产计划时，应结合施工单位的构件需求计划，分析装配式构件的种类、数量、安装先后顺序、安装进度需求等，确定每类构件的生产日期、数量和库存时间，并借助 BIM 技术对生产场地进行动态模拟，对不同构件的仓库存储进行合理规划（见图 5-11）。

在生产过程中，装配式构件生产厂与施工单位、物流运输单位应进行时时沟通，根据实际施工进度和运输状态，合理调整构件生产计划，使其既能满足施工需求，又能结合构件生产厂的实际生产、库存和其他合同情况开展高效生产，降低各项生产成本（见图 5-12）。

5.4.4 吊运与安装模拟

装配式建筑对于施工现场安装精度的要求较高，细微偏差可能导致安装失败。借助 BIM 技术可以对复杂节点进行 BIM 模型深化和直观展示，对构件的吊运与安装流程进行模拟，可指导现

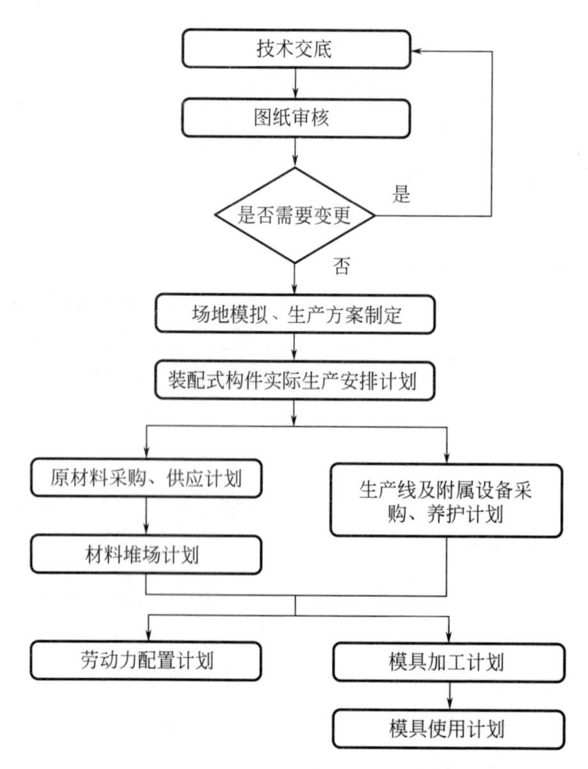

图 5-11　装配式构件生产计划编制流程

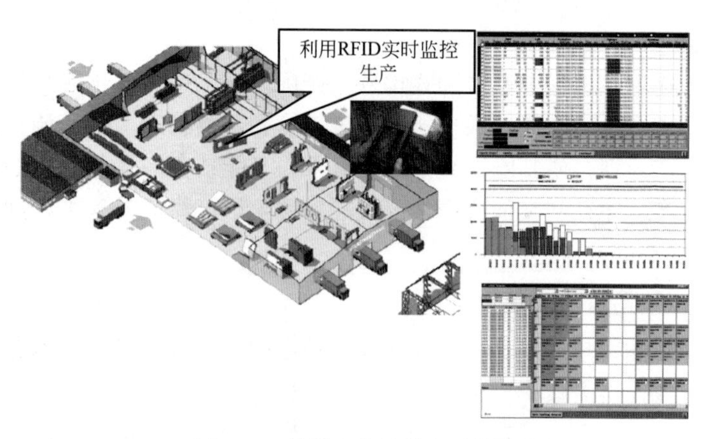

图 5-12　构件生产过程实时监控

场物流吊运过程（见图 5-13）。

图 5-13　复杂节点施工模拟拼装

具体实施步骤是：收集设计单位交付模型及交底文件、工程项目施工进度要求、施工吊运设备情况、施工工艺、现场既有建筑及周边环境，同时确定装配式构件安装位置、装配顺序、安装时间、安装工艺流程等信息，并植入 BIM 模型中创建基于施工过程的构件吊运安装 BIM 模型，对吊运与安装过程实施精细化模拟与仿真，对于吊运与安装过程中可能出现的问题及施工组织设计中可能出现的纰漏进行优化，从而选择出最优的施工吊装方案，理顺场内物流各项活动顺序（见图 5-14）。

5.4.5　构件质量验收与安全检查

装配式构件的生产、验收和安全检查均可在供应商工厂内完成，检查过程的信息均可由二维码记录，与构件的材料信息等其他信息一并通过二维码承载与跟踪，从而提高构件施工管理的效率（见图 5-15）。

装配式构件到达施工现场后施工方也会对到场构件进行复检。如果构件需要在施工现场堆放一段时间，施工现场管理人员在每天例行检查或构件吊运安装前会对构件再次进行质量检查，如发现质量问题，可通过移动端设备进行现场拍照，然后输入文字解释后扫描构件二维码进行构件的关联，并上传至项目 BIM 平台，由供应商、物流运输单位和施工方共同协商补货细节。

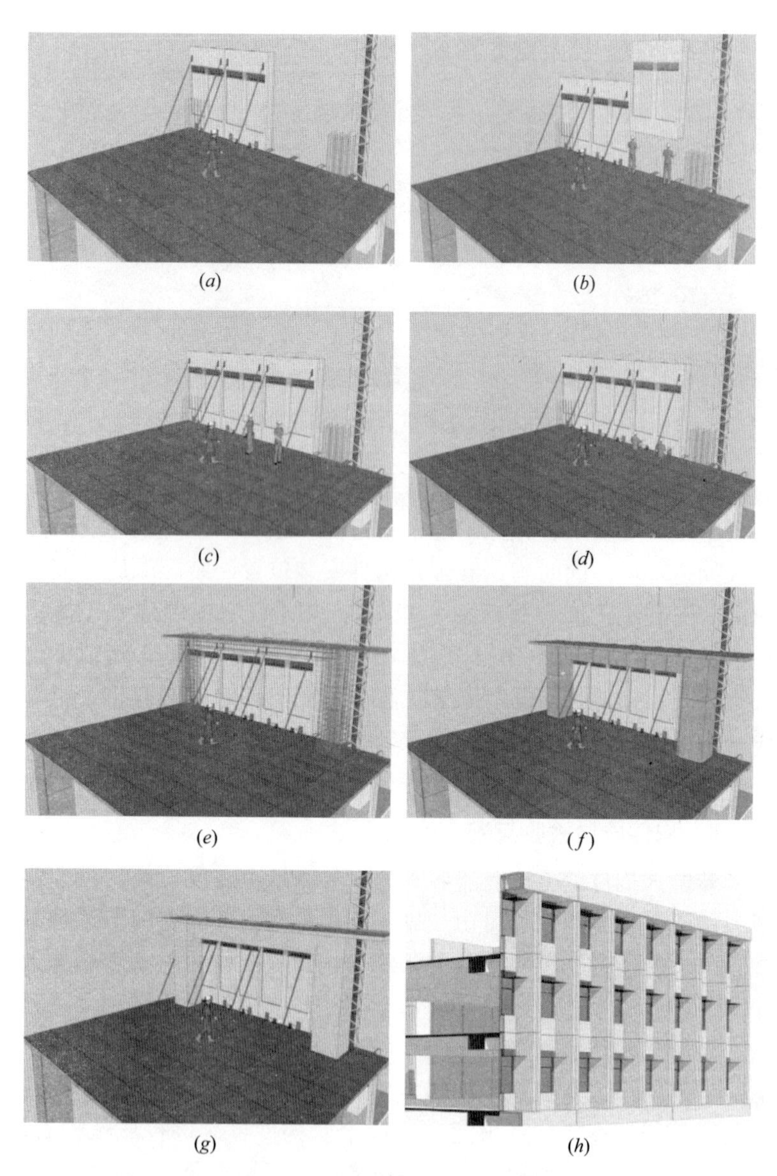

图 5-14　构件施工吊装过程模拟

(*a*) 吊装准备；(*b*) 吊运；(*c*) 临时固定；(*d*) 永久固定；(*e*) 结构施工；(*f*) 混凝土浇筑；(*g*) 墙面装饰；(*h*) 组装完成

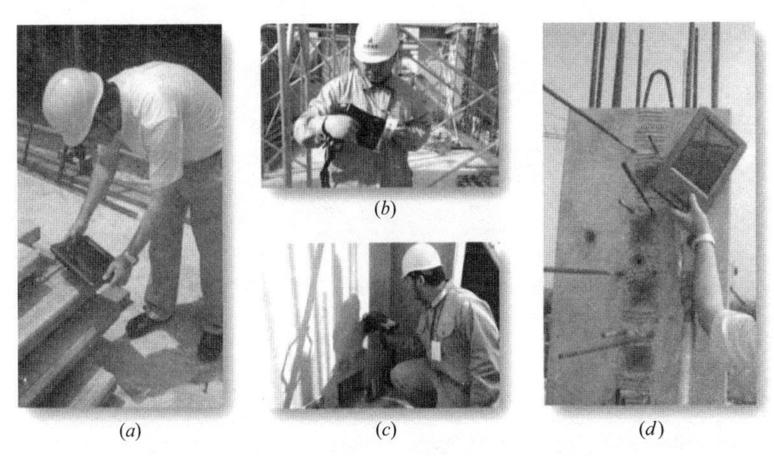

图 5-15　BIM 技术应用于施工阶段质量管理

（*a*）构件进场检查；（*b*）现场安装人员登录；

（*c*）墙板安装就位；（*d*）预制柱安装就位

5.4.6　进度协同管理

通过 BIM 操作平台可实现装配式建筑的 4D 动态管理，实时查看各施工段、分部分项工程施工进度；实时查看各构件信息，了解当前构件吊装工作起止时间；根据施工吊装的实际情况，手动修改施工进度数据，系统则会在此基础上自动调整施工进度计划。

通过构件编码将现场构件吊装进度数据与 BIM 模型联系起来，将现场的进度状况反映到 BIM 模型中，并传送至物流运输单位和构件生产厂，以便物流运输单位和构件生产厂时时调整配送计划和生产计划，避免库存积压或缺货，实现施工单位、运输单位和生产厂的三方协同进度管理（见图 5-16）。

5.4.7　物流信息管理

装配式建筑构件种类多、质量重，每种构件均涉及多个专业。因此，对装配式建筑来说信息的有效整合是提高项目管理效率的关键。装配式建筑现场信息化管理的入口可通过二维码

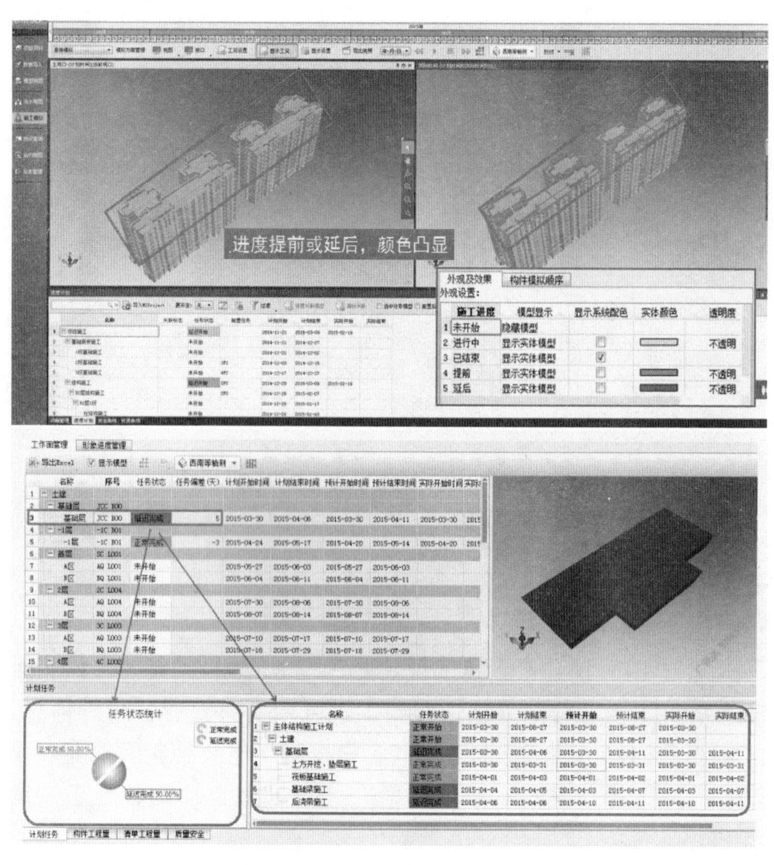

图 5-16　BIM5D 进度监控图

来实现。二维码具有唯一性、便捷性、同步性三大特性。唯一性体现在二维码作为构件的“ID 身份”的唯一性，避免构件在运输过程中遗漏与安装过程中出错。便捷性体现在现场人员通过移动端设备扫描二维码，即可自动将构件信息加载至数据平台，构件的生产、运输、施工过程都可同时记录到数据平台中，为后续的数据统计与分析所用（见图 5-17、图 5-18）。扫码信息上传到数据平台后，开通权限的管理人员可在自己的权限范围内同步看到项目现场的信息动态变化情况，便于做出相

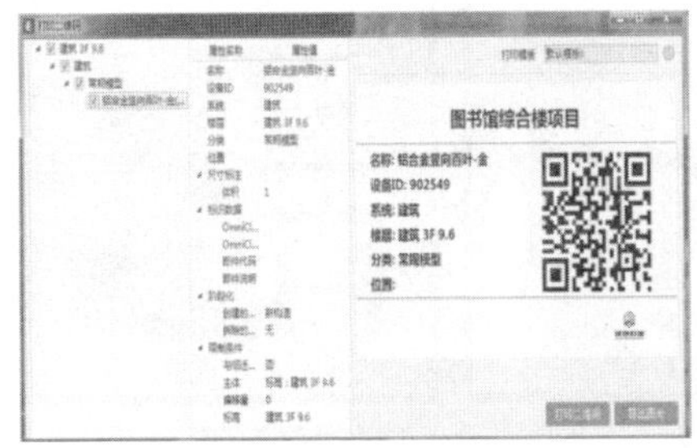

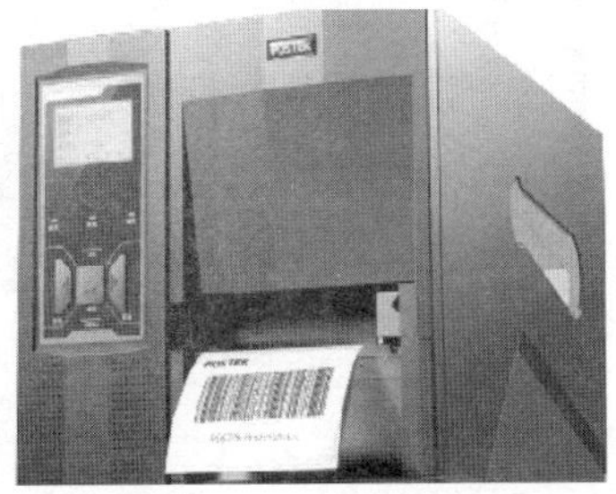

图 5-17　二维码信息输入、打印

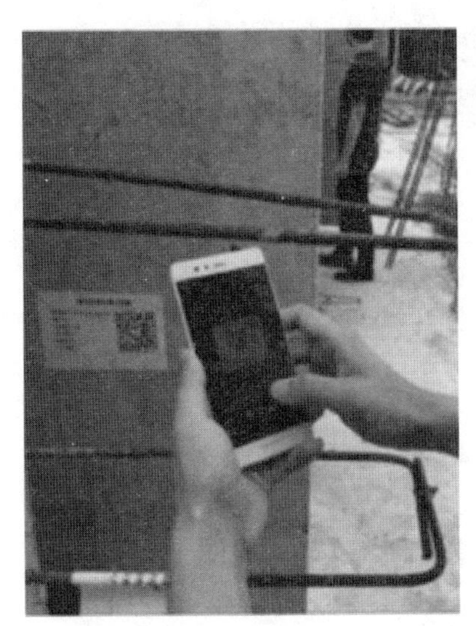
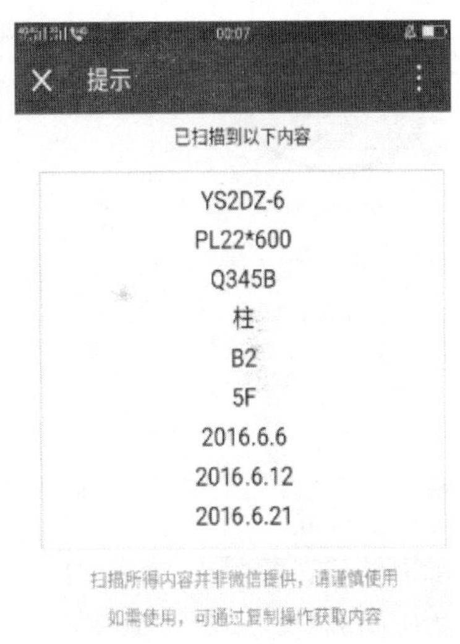

图 5-18　移动设备扫描二维码

关决策，此即为同步性。因此，二维码是联系施工现场与 BIM 数据平台的重要介质，通过二维码可将工程材料、设备、人员、各参与方活动信息进行有序化、特定化协同管理（见图 5-19）。

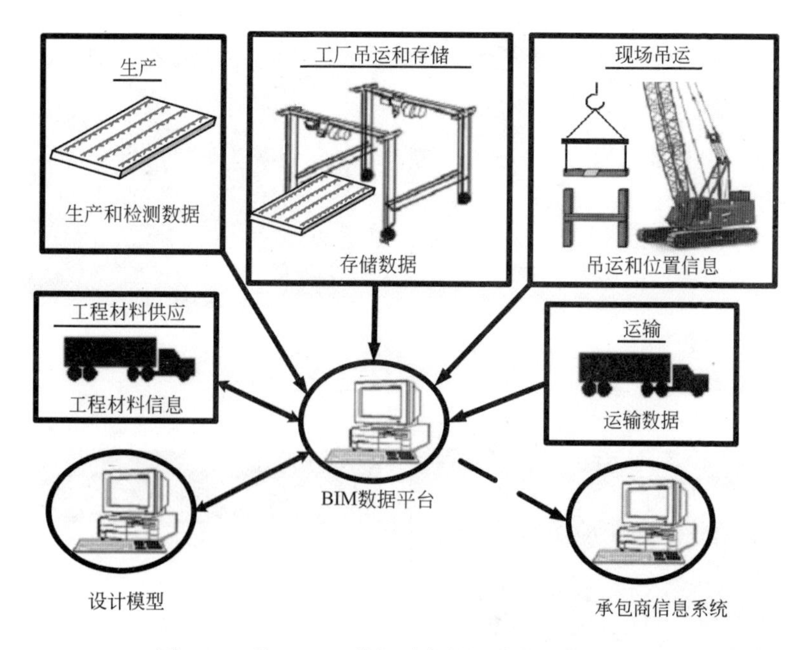

图 5-19　基于 BIM 数据平台的工程物流信息系统

5.5　小结

本章围绕 BIM 技术在装配式建筑供应商和施工企业物流过程中的应用，从场地的三维可视化管理、各项计划的编制、施工模拟吊运等方面解决 BIM 技术在预制装配式建筑物流过程中的应用问题。在生产阶段，通过 BIM 技术控制材料设备的有效使用和加工场地的合理利用，在预制构件加工之前及加工过程中开展构件生产场地的模拟，对接数控加工设备实现自动化、数字化的加工。在构件养护阶段与运输过程中，借助 BIM 平台、物联网技术实现信息化管理。整个生产阶段提高了工厂自动化生产水平，提高了工作效率。在施工阶段，依托 BIM 技术合理安排施工现场、统筹组织施工力量、健全管理制度、优化现场施工必要的物质条件和技术支持，保证了工程施工的顺利进行。通过三维场地规划与布置、构件进场与吊装、4D进度计划编制、吊装施工方案模拟、现场质量控制及信息管理等对装配式建筑物流过程的BIM应用进行了深入的分析，依托BIM云平台实现了构件安装、构件供应及构件配送等物流过程的协同管理。

第6章　展望

近期，住房和城乡建设部批准《装配式建筑评价标准》GB/T 51129—2017（以下简称《标准》）为国家标准，自2018年2月1日起实施。这标志着装配式建筑将从试点示范阶段走向全面推广阶段，步入高速发展时代。从行业改革发展的全局来看，我国建筑业又向产业现代化目标迈进了一大步。随着建筑工业化理论的提出及装配式构件的大量使用，工程物流也逐步进入我国建筑管理者的视野。随着生产实践的逐步深入，以“物的流动”为本质特征的物流活动已经渗透到经济的各个领域，同时也逐渐形成了一整套较为完整的理论体系。

基于日本早稻田大学教授、日本物流成本学说的权威学者西泽修的“第三利润源泉”说，在通过传统的建筑管理模式降低工程造价达到一定极限后，对工程项目涉及的各项活动、各种工程材料实施有效的物流管理将成为降低工程造价的主要方式。工程总造价中大约有70%是施工过程中使用的各种工程材料的购置成本。如果将工程建设过程看作是一个工业产品的组装活动，则建设所需的各种工程材料可以看作组装所需的不同规格的零部件，如钢筋、水泥、各种管线、机电设备、门窗等。这些零部件都由招标采购过程产生，它们的价格最终由合同价决定，这里的合同价不仅包括工程材料的生产成本和一定比例的利润，同时也包括其物流活动产生的成本。例如，工程材料生产出来后在工厂的存储成本、装卸搬运成本、将工程材料运输到工程现场的运输成本等。另外，除了合同价中存在的物流成本外，在施工现场进行的二次搬运、吊装、存储等也会形成由承包商负担的与工程材料流动有关的物流成本。

如今控制工程总造价的施工管理方法，例如监理、项目法人制等，都是从工程施工的直接成本入手，并没有考虑工程材料流转过程中各项活动的物流成本。经过30年的项目管理实践，通过降低直接成本来降低工程总造价已经没有进一步发展的空间，发达国家和地区，如新加坡、日本、中国香港的工程管理人员和学者发现在工程造价中占较大份额的物流成本仍是一片未开发的处女地，将成为降低工程总造价的“第三利润源泉”。例如，Ballou指出物流成本一般占产品销售成本的4%～30%。Wegelius在研究如何推进工程供应链管理时指出某些工程材料的物流成本占其销售成本的27%。Sobotka和Czarnigowska认为对工程材料消耗过程的有效管理，尤其是对其存储、运输、装卸搬运过程的有效组织，是提高整体工程施工效率的重要途径。

然而，由于我国装配式建筑仍处于起步阶段，建筑业界普遍没有意识到物流管理的重要性。管理者目前关注的重点仍放在如何提升产品品质和降低成本上，还没有足够的精力去研究物流管理问题。其次，在目前的情况下，国内工程实践案例较少，物流管理还没有成为工作的瓶颈，物流在行业的影响力还没有充分体现。

物流管理是一个复杂的系统工程，对装配式建筑行业发展有重要影响。物流管理对行业的影响主要表现在成本的节约和效率的提高。这两方面管理水平的高低，直接决定了装配式建筑产品的品质及价格，体现了企业的竞争力水平。目前，很多装配式建筑的参与者发现装配式建筑的成本要比传统建筑方式高，但由于政策导向问题，具体实践中很少有企业耐心去解决这个问题。实际上，行业发展成熟的标志就是全流程的协同打通，如果企业实现了设计、制造、物流、施工等全流程的协同贯通，整个工程项目的成本和效率将会有明显改善。在这一过程中，物流管理作为重要环节，直接体现了项目管理者的协同能力。

建筑市场上的装配式建筑项目，大多数设计、制造与施工承包商相互分割。在构件物流过程中很容易产生矛盾，从而极大地降低效率，产生纠纷。在装配式建筑施工过程中经常遇到的问题是，施工现场向构件生产厂发出生产指令，构件生产厂生产好构件运到现场，结果发现与现场要求的构件顺序不对，当天需要吊装的构件没按要求运到施工现场，而已到现场的构件只能进行临时存储，存储时间可能达一周以上，无谓地增加了构件存储成本。另一种情况是，构件生产厂被动按照设计或施工承包商的要求进行构件生产，并不主动思考如何提高生产效率和降低生产成本，更不会考虑如何与物流运输单位、施工承包商进行高效协同，进行更加有效的物流管理。物流运输单位的情况与构件生产厂类似，被动根据施工承包商的配送需求进行构件运输。在这种情况下，物流管理的主要计划工作就依赖于施工承包商基于施工组织设计的配送计划。但由于施工承包商在制定配送计划时并不了解构件生产厂的生产情况，因此往往出现构件生产厂生产跟不上施工需求的情况。要解决好场外物流矛盾，其核心就是以施工现场构件的吊装顺序来安排生产和运输，并以 BIM 为手段，做好构件供应商、物流运输单位和施工承包商的信息沟通与动态计划协同。

本书在对比了国内外工程物流成本分析现状的基础上，结合装配式建筑工程物流实践，提出将基于活动的成本分析法（ABC 法）用于工程物流成本分析，并以预制构件为例，研究利用此法进行工程物流成本分析的一般程序。本书对工程物流的时间边界和空间边界进行了定义，即工程物流的时间边界始于供应商工厂的构件存储环节，之前的环节归于构件生产过程；物流活动终止于装配式构件最终吊运到工程现场指定的安装位置。工程物流的空间边界包括供应商仓库、中转仓库、工程现场存储位置以及由供应商仓库到中转仓库和由中转仓库到工程现场的运输路径。因此，工程物流管理可分为两个方面：场外物流管理，包括采购管理、供应商库存管理和配送管理；现场物流管理，包括中转仓库管理、中转仓库到工程现场的运输环节、现场库存管理、场内运输和吊装。这个过程中的物流成本包括承包商和供应商在物流管理中所发生的所有相关费用，即双方供应链系统的总物流成本。

装配式建筑领域物流管理对建筑成本甚至品质影响很大。随着建筑工业化的不断发展以及建筑市场成本压力的增大，建筑企业会逐步认识到物流工作的重要性。实施有效物流管理的企业，产品成本将明显降低，成为强大市场竞争力的基础。本书所提出的物流成本分析方法将有助于工程项目参与各方更全面、更详细地了解工程物流过程及相关成本构成，进而达到对工程项目总成本的有效控制。另外，在工程采购阶段，通过对工程物流成本的预测，也可增强投标方竞争力以及招标方对合同价的控制。

参 考 文 献

[1] Agapiou A，Clausen L E，Flanagan R，et al. The role of logistics in the materials flow control process [J]. Construction Management and Economics，1998，16：131-137.

[2] Agapiou A，Flanagan R，Norman G，et al. The change role of builders' merchants in the construction supply chain [J]. Construction Management and Economics，1998，16：351-361.

[3] Ahuja N T H，Nandakumar V. Simulation model to forecast project completion time [J]. Journal of Construction Engineering and Management，1985，11 (4)：325-342.

[4] Akintoye A. Just-in-time application and implementation for building material management [J]. Construction Management and Economics，1995，13：105-113.

[5] Akintoye A，McIntosh G，Fitzgerald E. A survey of supply chain collaboration and management in the UK construction industry [J]. European Journal of Purchasing and Supply Management，2000，6：159-168.

[6] Albino V，Garavelli A C. A neural network application in sub-contractor rating in construction firms [J]. International Journal of Project Management，1998，16 (1)：9-14.

[7] Anderson S D. Assessment of construction industry project management practices and performance [M]. Tex：Construction Industry Institute，1990.

[8] Anily S，Federgruen A. Two-echelon distribution systems with vehicle routing costs and central inventories [J]. Operations Research，1993，41：37-47.

[9] Anonymous. A logistics checklist [J]. CMA Magazine，1999：20.

[10] Anson M，Tang S L，Ying K C. Measurement of the performance of ready mixed concreting resources as data for system simulation [J]. Construction Management and Economics，2002，20 (3)：237-250.

[11] Anumba C J. Integrated systems for construction：Challenges for the millennium [C]. Proceedings of the International Conference on Construction Information Technology，2000：78-92.

[12] Arditi D，Ergin U，Gunhan S. Factors affecting the use of precast concrete systems [J]. Journal of Architectural Engineering，2000，6 (3)：79-86.

[13] Ariola M M. Principles and methods of research [M]. Manila：Rex Book Store，2006.

[14] Arlbjorn J S，Halldorsson A. Logistical analysis：a search for a contingency theory [D]. Odense：Odebse University Press，2002.

[15] Aurora Research Institute. http：//www. nwtresearch. com/licence/definition. aspx.

[16] Axelrod R. Advancing the art of simulation in the social sciences [J]. Complexity，1997，3 (2)：21-40

[17] Ayers J B. Handbook of supply chain management [M]. Boca Raton：St. Lucie Press and APICS，2006.

[18] Azema P，Diaz M，Doucet J. Multi-level description using petri nets [C]. Proceedings：1975 International Symposium on Computer Hardware Description Languages and Their Applications，IEEE，1975：188-190.

[19] Azema P，Valette R，Diaz M. Petri nets as a common tool for design verification and hardware simulation [C]. Proceedings：13th Design Automation Conference，IEEE，1976：109-116.

[20] Babbar S，Prasad S. International purchasing，inventory management and logistics research：an assessment and agenda [J]. International Journal of Operations and Production Management，1998，18 (1)：6-36.

[21] Baer J，Ellis C. Model，design and evaluation of a compiler for a parallel processing environment [J]. IEEE Transaction on Software Engineering，1977，3 (6)：394-405.

[22] Balbontin-Bravo E. Simulation of large precast operations [C]. Proceedings：1998 Winter Simulation Conference，IEEE，Piscataway，1998：1311-1318.

[23] Bankvall L, Bygballe L E, Dubois A, et al. Interdependence in supply chains and projects in construction [J]. Supply Chain Management, 2010, 15 (5): 385-393.

[24] Ballou R. Business Logistics management: planning, organizating, and controlling the supply chain [M]. New Jersey: Prentice Hall, 1999.

[25] Banihashemi N, Meynagh M M, Vahed Y K. Developing IFC standards for implementing industrialized building system components into BIM applications [C]. International Conference on Construction & Project Management, 2012.

[26] Barlow J, Cohen M, Jashapara A, et al. Towards positive partnering [M]. Bristol: The Policy Press, 1997.

[27] Barrie D S, Paulson B C. Professional Construction Management [M]. Third Edition. McGraw Hill Inc, 1992.

[28] BCA. Building and construction authority of Singapore, code of practice on buildable design [M]. Singapore, 2005.

[29] Bechtel C, Yayaram J. Supply chain management: a strategic perspective [J]. International Journal of Logistics Management, 1997, 8 (1): 15-34.

[30] Bender E A. An introduction to mathematical modelling [M]. Dover Publication, 2000.

[31] Bennett J, Jayes S. Trusting the team: The best practice guide to partnering in construction [C]. Reading: Reading Construction Forum, 1995.

[32] Bertazzi L, Paletta G, Speranze M G. Minimising the total cost in an integrated vendor-managed inventory system [J]. Journal of Heuristics, 2005, 11: 393-419.

[33] Bertazzi L, Speranza M, Ukovich W. Minimization of logistics costs with given frequencies [C]. In 7th WCTR Proceedings, 1995: 45-56.

[34] Best E. On the liveness problem of petri net theory, ASM/6 [D]. England: University of Newcastle upon Tyne, 1976.

[35] Blengini G A. Life cycle of buildings, demolition and recycling potential: a case study in Turin, Italy [J]. Building & Environment,

2009, 44: 319-330.
[36] Bodin L D, Golden B L, Assad A A, et al. Routing and scheduling of vehicles and crews-the state of the art [J]. Computer Operations Research, 1983, 10 (2): 63-67.
[37] Briscoe G H, Dainty A R J, Millett S. Construction supply chain partnerships: skills, knowledge and attitudinal requirements [J]. European Journal of Purchasing and Supply Management, 2001, 7 (2): 243-255.
[38] Briscoe G H, Dainty A R J, Millett S J, et al. Clientled strategies for construction supply chain improvement [J]. Construction Management & Economics, 2004, 22 (2): 193-201.
[39] Briscoe G, Dainty A. Construction supply chain integration: An elusive goal [J]. Supply Chain Management, 2005, 10 (4): 319-326.
[40] Bryman A, Cramer D. Quantitative data analysis for social scientists [M]. London: Routledge, 1995.
[41] Buffa E S, Armour G C, Vollmann T E. Allocating facilities with CRAFT [J]. Ipsj Magazine, 1964, 5: 136-157.
[42] Bulmer M. Sociological research methods-an introduction [M]. London: The MacMillian Press Ltd, 1977.
[43] Burns L D, Hall R W, Blumenfeld D E. Distribution strategies that minimise transportation and inventory costs [J]. Operations Research, 1985, 33 (3).
[44] Burns R B. Introduction to research methods [M]. Second Edition. Melbourne Longman Cheshire, 1994.
[45] Canadine I. Distribution is the problem: logistics is the solution [N]. Construction News, 1996-08- 29.
[46] Castro-Lacouture D, Medaglia A L, Skibniewski M. Supply chain optimization tool for purchasing decisions in B2B construction marketplaces [J]. Automation in Construction, 2007, 16 (5): 569-575.
[47] Cavaye A L M. Case study research: a multi-faceted research approach for IS [J]. Information Systems Journal, 1996, 6: 227-242.
[48] Chan A P C. Towards an expert system on project procurement [J]. Journal of Construction Procurement, 1995, 1 (2): 111-123.

[49] Chan A P C, Yu A T W. Process improvement for construction : a case study of the North District Hospital [D]. The Hong Kong Polytechnic University, 2000.

[50] Chan W T, Chua D K H, Kannan G. Construction resource scheduling with genetic algorithms [J]. Journal of Construction Engineering Management, ASCE, 1996, 122 (2): 125-132.

[51] Chan W T, Ho H. Constraint programming approach to precast production scheduling [J]. Journal of Construction Engineering and Management, 2002, 128 (6): 513-521.

[52] Christopher M. Logistics and supply chain management: strategies for reducing cost and improving service [J]. International Journal of Logistics Research & Applications, 1992, 2 (1): 103-104.

[53] Chritopher M. Logistics and supply chain management [M]. London: Potman Publishing, 1992.

[54] Chua D K H, Chan W T, Govindan K A. A time-cost trade-off model with resource consideration using genetic algorithm [J]. Civil Engineering Systems, 1997, 14: 291-311.

[55] Cigolini R, Cozzi M, Perona M. A new framework for supply chain management: conceptual model and empirical test [J]. Journal of Purchasing and Supply Management, 2004, 6 (1): 67-83

[56] CII-HK (Construction Industry Institute, Hong Kong). Final report on reinventing the Hong Kong construction industry for its sustainable development [R]. 2007.

[57] Chou J S, Yeh K C. Life cycle carbon dioxide emissions simulation and environmental cost analysis for building construction [J]. Journal of Cleaner Production, 2015, 101: 137-147.

[58] CIDB (Construction Industry Development Board). Construction productivity task force report [R]. Singapore, 1992.

[59] Clausen L E. Building logistics [R]. Danish Building Research Institute, Copenhagen, 1995.

[60] CLM (Council of Logistics Management). 21st Century logistics: making supply chain integration a reality [M]. Oak Brook, Ill, 1999.

[61] Conlin J. The application of project management software and advanced

IT techniques in construction delays investigation [J]. International Journal of Project Management，1997，15 (2)：107-120.

[62] Colc R J. Energy and greenhouse gas emissions associated with the construction of alternative structural systems [J]. Building and Environment，1999，34 (3)：335-348.

[63] Cooper M C，Ellram L M. Characteristics of supply chain management and the implication for purchasing and logistics strategy [J]. The International Journal for Logistics Management，1993，4 (2)：13-24.

[64] Cooper M C，Lambert D M，Pagh J D. Supply chain management more than a new name for logistics [J]. The International Journal of Logistics Management，1997，8 (1)：1-13.

[65] Cox A，Townsend M. Strategic procurement in construction：towards better practice in the management of construction supply chains [M]. London：Thomas Telford Publishing，1998.

[66] Coyle J J. Supply chain management：a logistics perspective [J]. South-Western Cengage Learning，2009，5 (4)：703-707.

[67] Crandall K C. Probabilistic time scheduling [J]. Journal of Construction Division，ASCE，1976，102 (3)：415-423.

[68] Croom S，Romano P，Giannakis M. Supply chain management：an analytical framework for critical review [J]. European Journal of Purchasing and Supply Management，2000，6：67-83.

[69] Daganzo C F. Supplying a single location from heterogeneous sources [J]. Transportation Research-Part B，1985，19 (5)：409-419.

[70] Daywood N，Akinsola A，Hobbs B. Development of automated communication of system for managing site information using internet technology [J]. Automation in Construction，2002，11 (5)：557-572.

[71] Dave B，Kubler S，Pikas E，et al. Intelligent products：Shifting the production control logic in construction (with lean and BIM) [C]. Conference of the International Group for Lean Construction，2015.

[72] David R，Alla H. Petri nets and grafcet-tools for modelling discrete event systems [M]. New York：Prentice Hall，1992.

[73] Davis-Case D. Relating partnership and power to common property re-

source management in developing aid [C]. Proceedings: 2nd Annual Conference of the International Association for the Study of Common Property, 1991.

[74] Davis L. Handbook of genetic algorithms [M]. New York: Van Nostrand Reinhold, 1991.

[75] De P, Dunne E J, Gosh J B, et al. The discrete time-cost tradeoff problem revisited [J]. European Journal of Operations Research, 1995, 81: 225-238.

[76] De P, Dunne E J, Gosh J B, et al. Complexity of the discrete time/cost tradeoff problem for project networks [J]. Operations Research, 1997, 45: 302-306.

[77] Demeulemeester E L, Herroelen W S, Elmaghraby S. Optimal procedures for the discrete time-cost tradeoff problem [J]. European Journal of Operations Research, 1996, 88: 50-68.

[78] Develin N. Unlocking overhead value [J]. Management Accounting, 1999, 77 (11): 22.

[79] Damme D A V, Zon F L A V D. Activity based costing and decision support [J]. International Journal of Logistics Management, 1999, 10 (1): 71-82.

[80] Dissanayaka S M. Comparing procurement and non-procurement-related contributors to project performance [D]. Hong Kong: The University of Hong Kong, 1998.

[81] DTI (Department of Trade and Industry). Logistics and supply chain management [M]. London: HMSO, 1995.

[82] Easterby-Smith M, Thorpe R, Lowe A. Management research-an introduction [M]. London: Sage Publications, 2002.

[83] Egan J. Rethinking construction: the report of the construction task force [J]. Municipal Engineer, 1998, 127 (4): 199-203.

[84] Ekeskar A, Rudberg M. Third-party logistics in construction: the case of a large hospital project [J]. Construction management and economics, 2016, 34 (3): 174-191.

[85] Eilon S, Watson-Gandy C D T, Christofides N. Distribution Management: Mathematical Modeling and Practical Analysis [J]. Griffin,

1971, 4 (6): 589.

[86] Eisenhardt K M. Building theories from case study research [J]. Academy of Management Review, 1989, 14 (5): 532-550.

[87] Elbeltagi E, Hegazy T, Grierson D. Comparison among five evolutionary-based optimization algorithms [J]. Advanced Engineering Informatics, 2005, 19 (1): 43-53.

[88] Ellram L M. Supply chain management: the industrial organisation perspective [J]. International Journal of Physical Distribution and Logistics Management, 1991, 21 (1): 13-22.

[89] El-Gafy M, Ghanem A. Resource allocation in repetitive construction schedules using ant colony optimization [C]. Proceedings of the Joint International Conference on Construction Culture, Innovation, and Management (CCIM), 2006: 128-129.

[90] El-Rayes K. Optimum planning of highway construction under A+B bidding method [J]. Journal of Construction Engineering Management, 2001, 127 (4): 261-269.

[91] Enshassi A. Materials control and waste on building sites [J]. Building Research and Information, 1996, 24 (1): 31-34.

[92] Ethridge D. Research methodology in applied economics: organizing, planning, and conducting economic research [M]. Iowa: Blackwell Publisher, 2004.

[93] Fadiya O, Georgakis P, Chinyio E, et al. Decision-making framework for selecting ICT-based construction logistics systems [J]. Journal of Engineering, 2015, 13 (2): 260-281.

[94] Fang Y, Ng S T. Optimising time and cost in construction material logistics [C]. 8th International Postgraduate Research Conference in the Built and Human Environment, 2008.

[95] Federgruen A, Zipkin P. A combined vehicle routing and inventory allocation problem [J]. Operations Research, 19874, 32 (5): 1019-1037.

[96] Feng C W, Cheng T M, Wu H T. Optimising the schedule of dispatching RMC trucks through genetic algorithms [J]. Automation in Construction, 2004, 13: 327-340.

[97] Feng C W, Liu L, Burns S A. Using genetic algorithms to solve construction time-cost trade-off problems [J]. Journal of Computing in Civil Engineering, 1997, 11 (3): 184-189.

[98] Fellows R, Liu A. Managing organizational interfaces in engineering construction projects: addressing fragmentation and boundary issues across multiple interfaces [J]. Construction Management and Economics, 2012, 30 (8): 653-671.

[99] Ferguson B R. Implementing supply chain management [J]. Production and Inventory Management Journal, 2000, 41 (2): 64.

[100] Fernie S, Tennant S. The non-adoption of supply chain management [J]. Construction Management and Economics, 2013, 31 (10): 1038-1058.

[101] Fellows R, Liu A. Research methods for construction [M]. Second Edition. Malden: Blackwell Science, 2002.

[102] Foo S, Musgrave G. Comparison of graph models for parallel computation and their extension [C]. Proceedings: 1975 International Symposium on Computer Hardware Description Languages and Their Applications, IEEE, New York, 1975: 16-21.

[103] Formoso C T, Soibelman L, De Cesare C M, et al. Material waste in building industry: main causes and prevention [J]. Journal of Construction Engineering and Management, 2002, 128 (4): 316-325.

[104] Fortenberry J C, Cox J F. Multiple criteria approach to facilities layout problem [J]. Journal of Production Research 1985, 23: 773-782.

[105] Fred B S, Francisco F C. Applicability of logistics management in lean construction [C]. Proceedings of the the Seventh Annual Conference of the International Group for Lean Construction (IGLC-7), 1999.

[106] Garnett N. Benchmarking for construction: theory and practice [J]. Construction Management and Economics, 2000, 18: 55-63.

[107] Gill J, Johnson P. Research Methods for Managers [M]. Second Edition. London: Paul Chapman, 1997.

[108] Girault C，Rudiger V. Petri nets for systems engineering：a guide to modelling，verification，and applications [M]. New York：Springer，2003.

[109] Goldratt E M，Cox J. The goal：A process of ongoing improvement [M]. Second Edition. Great Barrington：North River Press，1992.

[110] Gooley T B. Finding the hidden cost of logistics [J]. Traffic Management，1995，34 (3)：47-50.

[111] Green S D，Fernie S，Weller S. Making sense of supply chain management：a comparative study of aerospace and construction [J]. Construction Management and Economics，2005，23：579-593.

[112] Woodward J F. Procurement systems：a guide to best practice in construction [J]. International Journal of Project Management，2001，19 (7)：432.

[113] Grierson D E，Pack W H. Optimal sizing，geometrical and topological design using genetic algorithm [J]. Structure Optimisation，1993，6 (4)：151-159.

[114] Grinnell R J. Social work，research and evaluation [M]. Illinois：Peacock Publishers，1993.

[115] Grobler A，Schieritz N. Of stocks，flows，agents and rules-strategic simulation in supply chain research [J]. Research Methodology in Supply Chain Management，2005：445-460.

[116] Grover V，Malhotra M K. Transaction cost framework in operations and supply chain management research：theory and measurement [J]. Journal of Operations Management，2003，21：457-473.

[117] Groves R M，Fowler F J，Couper M P，et al. Survey methodology [M]. Hoboken：Wiley，2009.

[118] Guggemos A A，Horvath A. Comparison of environmental effects of steel and concrete-framed buildings [J]. Journal of Infrastructure Systems，2006，11 (2)：93-101.

[119] Gurmann K，Schreiber K. The determination of cost parameters to achieve optimum stockpiling [J]. Engineering Costs and Production Economics，19 (1-3)，25-30.

[120] Gyles R. The royal commission into productivity in the building in-

dustry in New South Wales [R]. Government Printer, 1992.

[121] Haas P J. Stochastic petri nets: modelling, stability, simulation [M]. New York: Springer, 2002.

[122] Halldorsson A, Arlbjorn J S. Research methodologies in supply chain management-what do we know? [J]. Research Methodology in Supply Chain Management, 2005: 107-122.

[123] Halpin D W. CYCLONE-A method for modelling job site processes [J]. Journal of Construction Division, ASCE, 1997, 103 (3): 489-499.

[124] Halpin D W, Martinez L H. Real world applications of construction process simulation [C]. Proceedings: 1999 Winter Simulation Conference, IEEE, 1999: 956-962.

[125] Handfield R B, Nichols E L. Introduction to supply chain management [M]. New Jersey: Prentice Hall, 1999.

[126] Harland C M. Supply network strategies the case of health supplies [J]. European Journal of Purchasing & Supply Management, 1996, 2 (4): 183-192.

[127] Haidar A, Naoum S, Howes R, et al. Genetic algorithms application and testing for equipment selection [J]. Journal of Construction Engineering Management, 1999, 125 (1): 32-38.

[128] Hassan M M D, Hogg G L. One constructing a block layout by graph theory [J]. Journal of Production Research, 1991, 6: 1263-1278.

[129] Hegazy T. Optimization of resource allocation and leveling using genetic algorithms [J]. Journal of Construction Engineering Management, 1999, 125 (3): 167-175.

[130] Hegazy T, Elhakeem A, Elbeltagi E. Distributed scheduling model for infrastructure networks [J]. Journal of Construction Engineering and Management, 2004, 130 (2): 160-167.

[131] Hegazy T, Wassef N. Cost optimization in projects with repetitive nonserial activities [J]. Journal of Construction Engineering Management, 2001, 127 (3): 183-191.

[132] Heinritz S, Farrell P V, Giunipero L C, et al. Purchasing: princi-

ples and applications [M]. Englewood Cliffs: Prentice Hall, 1991.

[133] Henricks M. Beneath the surface [J]. Entrepreneur, 1999, 27 (10): 108.

[134] Herbert M. Management accounting [M]. London: Longman, 1992.

[135] Hillion H P. Timed petri nets and applications to multi-stage production systems: advances in petri nets [M]. New York: Springer-Verlag, 1989.

[136] Hines P. Creating world class suppliers [M]. London: Pitman, 1994.

[137] Hines P. Network sourcing: a discussion of causality within the buyer-supplier relationship [J]. European Journal of Purchasing and Supply Management, 1996, 2 (1): 7-20.

[138] Hobbs J. A transaction cost approach to supply chain management [J]. Supply Chain Management, 1996, 1 (2): 15-27.

[139] Holt G D, Faniran O. Construction management research: a blend of rationalist and interpretative paradigms [J]. Journal of Construction Research, 2000, 1 (2): 177-182

[140] Holti R, Nicolini D, Smalley M. The handbook of supply chain management: the essentials [M]. London: CIRIA, 2000.

[141] Holti R, Standing H. Partnering as inter-related technical and organisational change [M]. London: Tavistock, 1996.

[142] Horman M J, Randolph T H. Role of inventory buffers in construction labor performance [J]. Journal of Construction Engineering and Management, 2005, 131 (7): 834-843.

[143] Houlihan J B. International supply chain management [J]. International Journal of Physical Distribution and Logistics Management, 1985, 15 (1): 22-38.

[144] Holland J H. Adaptation in natural and artificial systems [M]. Ann Arbor: University of Michigan Press, 1975.

[145] Horngren C T, Foster G, Datar S M. Cost accounting: a managerial approach [M]. New Jersey: Prentice Hall, 2000.

[146] Humphreys P, Mak P L, Yeung C M. A just-in-time evaluation

strategy for international procurement [J]. Journal of Supply Chain Management, 1998, 3 (4): 175-186.

[147] Hunter I, Mitrovic D, Hassan T, et al. The eLSEwise vision, development routes and recommendations [J]. Journal of Engineering Construction and Architectural Management, 1999, 6 (1): 51-62.

[148] Hyari K, Elrayes K. Optimal planning and scheduling for repetitive construction projects [J]. Journal of Management in Engineering, 2006, 22 (1): 11-19.

[149] Ireland V. The T40 project: process re-engineering in construction [J]. Australian Project Manager, 1995, 14: 31-37.

[150] ISO14040. Life cycle assessment-principles and framework [S]. Geneva: International Organization for Standardization, 1997.

[151] Jang H, Russell J S, Yi J S. A project manager's level of satisfaction in construction logistics [J]. Canada Journal of Civil Engineering, 2003, 30: 1133-1142.

[152] Jaskowski, Sobotka. Scheduling construction projects using evolutionary algorithm [J]. Journal of Construction Engineering and Management, 2006, 132 (8): 861-870.

[153] Jensen J L, Rodgers R. Cumulating the intellectual gold of case study research [J]. Public Administration Review, 2001, 61 (2): 236-246.

[154] Jones M, Saad M. Managing innovation in construction [M]. London: Thomas Telford Publishing, 2003.

[155] Kang L, Park C, Lee B. Optimal schedule planning for multiple repetitive construction process [J]. Journal of Construction Engineering and Management, 2001, 127 (5): 382-290.

[156] Kasperek M. Analysis of logistic processes impact on execution cost of construction project [D]. Lublin: Politechnika Lubelska, 2004.

[157] Kawamura K, Lu Y. Evaluation of delivery consolidation in U. S. urban areas with logistics cost analysis [J]. Transportation Research Record Journal of the Transportation Research Board, 2008 (1): 34-42.

[158] Kaynak H, Hartley J L. Using replication research for just-in-time

purchasing construct development [J]. Journal of Operations Management, 2006, 24 (6): 868-892

[159] Kerlinger F N. Foundations of behavioural research [M]. Third Edition. New York: Holt, Rinehart and Winston, 1986.

[160] Kong S C W, Li H. Enabling information sharing between ecommerce systems for construction material procurement [J]. Automation in Construction, 2004, 13: 261-276.

[161] Kornelius L, Wamelink J W F. The virtual corporation: learning from construction [J]. Supply Chain Management, 1998, 3 (4): 193-202.

[162] Koskela L. Application of the new production philosophy to construction [R]. Stanford: Center for Integrated Facility Engineering (CIFE), Stanford University, 1992.

[163] Kotzab H. The role and importance of survey research in the field of supply chain management [J]. Research Methodologies in Supply Chain Management, 2005: 125-138.

[164] Koumousis V K, Georgiou P G. Genetic algorithms in discrete optimization of steel truss roofs [J]. Journal of Computer Civil Engineering, 1994, 8 (3): 309-325.

[165] Kumar R. Research methodology: a step-by-step guide for beginners [M]. Melbourne: Longman, 1996.

[166] Kumaraswamy M, Palaneeswaran E. Selection matters in construction supply chain optimisation [J]. International Journal of Physical Distribution & Logistics Management, 2000, 30 (7/8): 661-680.

[167] Lam K C, So A T P, Hu T, et al. An integration of the fuzzy reasoning technique and the fuzzy optimisation method in construction project management decision-making [J]. Construction Management and Economics, 2001, 19 (1): 63-76.

[168] Lambert D M, Cooper M C, Pagh J D. Supply chain management: implementation issues and research opportunities [J]. International Journal of Logistics Management, 1998, 9 (2): 1-19.

[169] Lambert D M, Stock J R, Ellram L M. Fundamentals of logistics management [M]. Boston: Irwin/McGraw-Hill, 1998.

[170] Lamming R C, and Hampson J. The environment as a supply chain management issue [J]. British Journal of Management, 1996, 7: 45-62.
[171] Langford J W. Logistics: principles and applications [M]. New York: SOLE Press/McGraw-Hill, 2007.
[172] Lapide L. Supply chain planning optimization: just the facts [J]. Advanced Manufacturing, 1998: 1-40.
[173] Larson P D, Halldorsson A. Logistics versus supply chain management: an international survey [J]. International Journal of Logistics: Research and Applications, 2004, 7 (1): 17-31.
[174] Larson P, Poist. Improving response rates to mail survey: a research note [J]. Transportation Journal, 2004, 43 (4): 67-75.
[175] Latham M Sir. Constructing the team [M]. London: HMSO, 1994.
[176] Burns D L, Hall R W, Blumenfeld D E, et al. Distribution strategies that minimize transportation and inventory costs [J]. Operations Research, 1985, 33 (3): 469-490.
[177] Lee C Y. The economic order quantity for freight discount costs [J]. AIIE Transactions, 1986, 18 (3): 318-320.
[178] Leedy P D. Practical research: planning and design [M]. New York: Macmillan, 1993.
[179] Leedy P D, Ormrod J E. Practical research: planning and design [M]. New Jersey: Merrill, 2010
[180] Leif G, Anna J, Roger S. Life cycle primary energy use and carbon emission of an eight-storey wood-framed apartment building [J]. Energy and Buildings, 2010, 42 (2): 230-242.
[181] Leu S S, Yang C H. GA-based multi-criteria optimal model for construction scheduling [J]. Journal of Construction Engineering Management, 1999, 125 (6), 420-427.
[182] Levitt R E, Kartam N A, Kunz J C. Artificial intelligence techniques for generating construction project plans [J]. Journal of Construction Engineering & Management, 1988, 114 (3): 329.
[183] Li H. Petri net as a formalism to assist process improvement in the construction industry [J]. Automation in Construction, 1998, 7

(4): 349-356.

[184] Li H, Cao J N, Love P E D. Using machine learning and GA to solve time-cost trade-off problems [J]. Journal of Construction Engineering Management, 1999, 125 (5), 347-353.

[185] Li H, Love P E D. Using Improved genetic algorithms to facilitate time-cost optimization [J]. Journal of Construction Engineering and Management, 1997, 123 (3): 233-237.

[186] Li H, Love P E D, Gunasekaran A. Conceptual approach to modelling the procurement process of construction using petri nets [J]. Journal of Intelligent Manufacturing, 1999, 10 (3): 347-353.

[187] Li Y H, Tang J, Ma S H. The logistics cost of two distribution patterns: a case study [C]. 2006 IEEE International Conference on Service Operations and Logistics, and Informatics, 2006.

[188] Lim X. Construction productivity issues encountered by contractors in Singapore [J]. International Journal of Project Management, 1995, 13 (1): 51-58.

[189] Lin B, Collins J, Su R K. Supply chain costing: an activity-based perspective [J]. International Journal of Physical Distribution and Logistics Management, 2001, 31 (10): 702-713.

[190] Lindén S, Josephson P E. In-housing or outsourcing on-site materials handling in housing [J]. Journal of engineering, design and technology, 2013, 11 (1): 90-106.

[191] Liu L, Burns S, Feng C. Construction time-cost trade-off analysis using LP/IP [J]. Journal of Construction Engineering and Management, 1995, 121 (4): 446-454.

[192] Liu L, Georgakis P, Nwagboso C. A theoretical framework of an integrated logistics system for UK construction industry [C]. Proceedings of the IEEE International Conference on Automation and Logisitcs, 2007.

[193] London K, Kenley R. An industrial organization economic supply chain approach for the construction industry: a review [J]. Journal of Construction Management and Economics, 2001, 19 (8): 777-788.

[194] Love P E D, Irani Z, Edwards D J. A rework reduction model for construction projects [J]. IEEE Transactions on Engineering Management, 2004 (51): 426-440.

[195] Love P E D, Irani Z, Edwards D J. A seamless supply chain management model for construction [J]. Supply Chain Management, 2004, 9 (1): 43-56.

[196] Low S P, Choong J C. Just-in-time management in precast concrete construction: a survey of the readiness of main contractors in Singapore [J]. Integrated Manufacturing Systems, 2001, 12 (6/7):416.

[197] Lummus K, Vokurka D, Albert A. Strategic supply chain planning [J]. Production and Inventory Management Journal, 1998, 39 (3): 39-58.

[198] MacCrimmon K R, Ryavec C A. (1964) An analytical study of the PERT assumptions [J]. Operations Research, 1964, 12: 16-38.

[199] Mao C, Shen Q, Shen L, et al. Comparative study of greenhouse gas emissions between off-site prefabrication and conventional construction methods: two case studies of residential projects [J]. Energy and Buildings, 2013, 66 (5): 165-176.

[200] Maltz A, Ellram L. Total cost of relationship: an analytical framework for the logistics outsourcing decision [J]. Journal of Business Logistics, 1997, 18 (1): 45-66

[201] Marsan M A. Stochastic petri nets: an elementary introduction [J]. European Workshop on Advances in Petri Nets, 1988, 424: 1-29.

[202] Marshall C, Rossman G B. A conceptual framework for theory building in library and information science [J]. Library and Information Science Research, 1995, 8: 227-242.

[203] Material Logistics Plan. Guidance for client, design teams, construction contractors and sub-contractors on developing and implementing an effective material logistics plan [R]. Waste & Resource Action Programme, 2007.

[204] Matthews J, Pellew L, Phua F, et al. Quality relationships: partnering in the construction supply chain [J]. International Journal of Quality and Reliability Management, 2000, 17 (4/5): 493-510.

[205] McCarthy T M, Golicic S L. A proposal for case study methodology in supply chain integration research [J]. Research Methodology in Supply Chain Management, 2005: 251-266

[206] Mckelvey B. Complexity theory in organisation science: seizing the promise or becoming a fad? [J]. Emergence, 1999, 1 (1): 5-32.

[207] Melville S, Goddard W. Research methodology: an introduction for science and engineering students [M]. South Africa: Juta & Co. Ltd. , 1996.

[208] Mentzer J T, Kahn K. A framework for logistics research [J]. Journal of Business Logistics, 1995, 16 (1): 231-250

[209] Michlowicz E. Foundations of industrial logistics [M]. Krakow: AGH Uczelniane Wydawnictwa Naukowo-Dydaktyczne, 2002 (in Polish).

[210] Mikkola J H. Modeling the effect of product architecture modularity in supply chains [J]. Research Methodology in Supply Chain Management, 2005: 496

[211] Mohamed S, Tucker S N. Options for applying BPR in the Australian construction industry [J]. International Journal of Project Management, 1996, 14 (6): 379-385.

[212] Moore J M. Facilities design with graph theory and strings [J]. Omega, 1976, 4 (2): 193-203.

[213] Moore K E, Gupta S M. Stochastic collared petri net models of flexible manufacturing systems: material handling systems and machining [J]. Computers and Engineering, 1995, 29 (14): 333-337.

[214] Moore N. Supply chain management [J]. Work Study, 1998, 47: 172-174.

[215] Morgan B J T. Elements of Simulation [M]. London: Chapman and Hall, 1984.

[216] Mossman A. More than materials: managing what's needed to create value in construction [C]. The 2nd European Conference on Construction Logistics-ECCL, 2008.

[217] Moussourakis J, Haksever C. Flexible model for time/cost tradeoff problem [J]. Journal of Construction Engineering and Management,

2004, 130 (3): 307-314.
[218] Nader A H, Abdulsalam A S, Saleh A. Prioritizing barriers to successful business process re-engineering (BPR) efforts in Saudi Arabian construction industry [J]. Construction Management and Economics, 2005, 23: 305-315.
[219] Nakashima K, Gupta S M. Performance evaluation of a supplier management system with stochastic variability [J]. International Journal of Manufacturing Technology and Management, 2003, 5 (1): 28-37.
[220] Nassar, K. Evolutionary optimization of resource allocation in repetitive construction schedules [J]. Electronic Journal of Information Technology in Construction, 2011, 10: 265-273.
[221] New S J. Supply chain integration: Results from a mixed method pilot study [C]. Proceedings of the 4th International Annual Conference of the International Purchasing and Supply Education and Research, 1995.
[222] Ng S T, Rose T M, Mak M, et al. Problematic issues associated with project partnering-the contractor perspective [J]. International Journal of Project Management, 2002, 20 (6): 437-449.
[223] Ng S T, Shi J, Fang Y. Enhancing the logistics of construction materials through activity-based simulation approach [J]. Engineering, Construction and Architectural Management, 2009, 16 (3): 224-237.
[224] Nishiguchi T. Strategic industrial sourcing [M]. Oxford: Oxford University Press, 1994.
[225] Noh S, Son Y, Bong Taeho J P. An assessment for leakage reduction methods of reservoir embankments through estimation of CO_2 emissions during the construction process [J]. Journal of Cleaner Production, 2014, 79 (15): 116-123.
[226] O'Brien W J. Construction supply-chains: case study and integrated cost and performance analysis [C]. In Proceedings of the 3rd Annual Conference, International Group for Lean Construction, 1995.
[227] O'Brien W J, Formoso C T, Vrijhoef R, et al. Construction Supply

Chain Management Handbook [M]. Boca Raton: CRC Press, 2009.

[228] O'Brien W J, London K, Vrijhoef R. Construction supply chain modeling: a research review and interdisciplinary research agenda [J]. Icfai Journal of Operations Management, 2002, 3 (3): 64-84.

[229] Ohno T. Toyota production system: beyond large-scale production [M]. Portland: Productivity Press, 1988.

[230] Oppenheim A N. Questionnaire design, interviewing and attitude measurement [M]. London: Pinter Publishers, 1992.

[231] Lambert D M, Siecienski E A. Supply chain planning and management [M]. John Wiley & Sons, Inc. , 2007: 2110-2140.

[232] Pacheco-Torres R, Jadraque E, Roldán-Fontana J, et al. Analysis of CO_2 emissions in the construction phase of single-family detached houses [J]. Sustainable Cities and Society, 2014, 12: 63-68.

[233] Palaneeswaran E, Kumaraswamy M, Rahman M, et al. Curing congenital construction industry disorders through relationally integrated supply chains [J]. Building and Environment, 2003, 38 (4): 571-582.

[234] Paulson B C , Chan W T, Koo C C L. Simulation construction operations by microcomputer [J]. Construction Research Applied to Practice, 2015: 35-49.

[235] Peng Q Y, Wang Kelvin C P, Qiu Y J, et al. Enterprise's logistics cost checking formation based on logistics cycle time [C]. International Conference on Transportation Engineering, 2007.

[236] Pearson A. Chain reaction [J]. Building, 1999, 10: 54-55.

[237] Polat G. Factors affecting the use of precast concrete systems in the United States [J]. Journal of Construction Engineering and Management, 2008, 134 (3): 169-178.

[238] Pritsker A A B. Introduction to simulation and SLAM-II [M]. Second Edition. New York: Wiley, 1997.

[239] Pritsker A A B, Sigal C, Hammesfahr R. SLAM II network models for decision suppor [M]. New Jersey: Prentice Hall Inc. , Engelwood Cliffs, 1989.

[240] Pryke S. Construction supply chain management: concepts and case

studies [M]. Chichester：Wiley-Blackwell，2009.

[241] Riggs L S. Risk management in CPM network [J]. Elsevier Applied Science，1989，3 (3)：229-235.

[242] Rahman M. Revitalising construction project procurement through joint risk management [D]. Hong Kong：University of Hong Kong，2003.

[243] Reinharz，S. Feminist methods in social research [M]. New York：Oakford University Press，1992.

[244] Russell R，Krajewski L J. Optimal purchase and transportation cost lot sizing for a single item [J]. Decision Sciences，1991，22：940-952

[245] Saad M，Jones M，James P. A view of progress towards the adoption of supply chain management relationships in construction [J]. European Journal of Purchasing and Supply Management，2002，8：173-183.

[246] Sacks R，Eastman C M，Lee G. Process model perspectives on management and engineering procedures in the precast/prestressed concrete industry [J]. Journal of Construction Engineering and Management，2004，130 (2)：206-215.

[247] Saunders M，Lewis P，Thornhill A. Research methods for business students [M]. Harlow：Prentice Hall，2003.

[248] Saunders M J. Chains，pipelines，networks and value stream：the role，nature and value of such metaphors in forming perceptions of the tasks of purchasing and supply management [C]. Proceedings of the 1st Worldwide Research Symposium on Purchasing and Supply Chain Management，1995.

[249] Saunders M J. The competitive analysis of supply chains and implications for the development of the strategies [C]. Proceedings of the 7th International Annual Conference of the International Purchasing and Supply Education and Research London，1998：469-477.

[250] Sawhney A. Petri net based simulation of construction schedules [C]. Proceedings of the 29th conference on Winter simulation，1997.

[251] Sawhney A，Abudayyeh O，Chaitavatputtiporn T. Modelling and a-

nalysis of concrete production plant using petri nets [J]. Journal of Computing in Civil Engineering, 1999, 13 (3): 178-186.

[252] Sekaran U. Research methods for business: a skill-building approach [M]. New York: Wiley, 2000.

[253] Senouci A, Adeli H. Resource scheduling using neural dynamics model of adeli and park [J]. Journal of Construction Engineering and Management, 2001, 127 (1): 28-34.

[254] Seuring S, Müller M, Reiner G, et al. Is there a right research design for your supply chain study? [J]. Research Methodologies in Supply Chain Management, 2005: 1-12

[255] SFfC. Improving construction logistics [C]. Report of the Strategic Forum for Construction Logistics Group, 2005

[256] Sidwell A C. Effective procurement of capital projects in Australia [C]. 1st Conference on Construction Industry Development, 1997: 38-62.

[257] Shi J J S. Pratical approaches for validating a construction simulation [C]. Proceeding of the 2001 Winter Simulation Conference, 2001: 1534-1540

[258] Shi J, AbouRizk S M. Resource-based modeling for construction simulation [J]. Journal of Construction Engineering & Management, 1997, 123 (1): 26-33.

[259] Shi J, AbouRizk S M. An automated modelling system for simulating earth-moving operations [J]. Computer Aided Civil and Infrastructure Engineering, 1998, 13 (2): 121-130.

[260] Shi J. Activity-based construction (ABC) modelling and simulation method [J]. Journal of Construction Engineering and Management, 1999, 125 (5): 354-360.

[261] Smith R A, Kersey J R, Griffiths P J. The construction industry mass balance: resource use, wasters and emissions [M]. UK: Viridis and CIRIA, 2003.

[262] Society of Environmental Technology and Chemistry (SETAC). Gu1delines for life-cycle assessment: a code of practice [M]. Brussels: SETAC Euro Pe, 1993.

[263] Stern A I, El-Ansary, Anne T C. Marketing channel [M]. Fifth Edition. New Jersey: Prentice Hall, 1996.
[264] Stock J R. Applying theories from other disciplines to logistics [J]. International Journal of Physical Distribution and Logistics Management, 1997, 27 (9/10): 515-539.
[265] Stuart I, McCutcheon D, Handfield R, et al. Effective case research in operations management: a process perspective [J]. Journal of Operations Management, 2002, 20: 419-433.
[266] Sobotka A, Czarnigowska A. Analysis of supply system models for planning construction project logistics [J]. Journal of Civil Engineering and Management, 2005, 6: 73-82
[267] Speranza M G, Ukovich W. Minimising transportation and inventory costs for several products on a single link [J]. Operations Research, 1994, 42 (5): 879-894.
[268] Sun C Y, Shuai B, Chen X. Optimized logistics cost decisions under the conditions of enterprise's logistics service [J]. Journal of the University of Electronic Science and Technology of China, 2007, 36 (2): 318-321.
[269] Swannell J. The Oxford modern English dictionary [M]. Oxford: Clarendon Press, 1992.
[270] Taylor B, Sinha G, Ghoshal T. Research methodology: a guide for researchers in management and social sciences [M]. PHI Learning Pvt. Ltd., 2008.
[271] Tersine R, Barman S. Economic inventory/transport lot sizing with quantity and freight rate discounts [J]. Decision Sciences, 1991, 22: 1171-1179.
[272] Theunisse H. Activity based costing [M]. Apeldoorn: MAKLU, 1992.
[273] Thomas J. As easy as ABC [J]. Distribution, 1994, 93 (1): 40-41.
[274] Tommelein I, Li E. Just-in-time concrete delivery: mapping alternatives for vertical supply chain integration [C]. In Proceedings of IGLC 7th Annual Conference, 1999.

[275] Touran A. Simulation of tunnel operation [J]. Journal of Construction Engineering and Management, 1987, 113 (4): 554-568.

[276] Tucker S N, Mohamed S, Johnston DR, et al. Building and construction industries supply chain project (domestic) [R]. CSIRO Confidential Report 2001.

[277] Tutu W L. Performance measurement in construction logistics [J]. International Journal of Production Economics, 2001: 107-116

[278] Tyworth J, Zeng A. Estimating the effects of carrier transitime performance on logistics cost and service [J]. Transportation Research (A), 1998, 32 (2): 89-97.

[279] Vaidyanathan K, O'Brien W. Opportunities for IT to support the construction supply chain [J]. Information Technology, 2003: 53-60.

[280] Damme DAV, Zon FLAVD. Activity based costing and decision support [J]. International Journal of Logistics Management, 1999, 10 (1): 71-82.

[281] Vanegas J A, Bravo E B, Halpin D W. Simulation technologies for planning heavy construction processes [J]. Journal of Construction Engineering and Management, 1993, 119 (2): 336-354.

[282] de V B, Somers L J. Message exchange in building industry [J]. Automatic in Construction, 1995, 4: 99-100.

[283] Vollman T, Cordon C, Raabe H. Supply chain management: mastering management [M]. London: Pitman Publishing, 1997.

[284] Vrijhoef R, Koskela L. (2000), The four roles of supply chain management in construction [J]. European Journal of Purchasing & Supply Management, 1996, 6 (3): 169-178.

[285] Vrijhoef R, Koskela L. Roles of supply chain management in construction [J]. Proceedings of IGLC-7, 1999 (26/27/28): 133-146.

[286] Waters C D J. Inventory control and management [M]. New Jersey: Wiley, 1996.

[287] Waters C D J. Logistics: an introduction to supply chain management [M]. New York: Palgrave Macmillan, 2003.

[288] Wegelius-Lehtonen T. Performance measurement in construction lo-

gistics [J]. International Journal of Production Economics, 2001, 69: 107-116.

[289] Wild R. Production and operations management: text and cases [M]. Fifth Edition. London: Cassell, 1995.

[290] Williamson H. Research methods for students, academics and professionals: information management and systems [M]. Second Edition. Centre for Information Studies, Charles Sturt University, 2002.

[291] Womack J P, Jones D T. Lean thinking: Banish waste and create wealth in your corporation [M]. New York: Simon & Shuster, 1996.

[292] Womack J P, Jones D T, Roos D. The machine that changed the world: the story of lean production [M]. New York: Harper Perennial, 1990.

[293] Wong A, Kanji G K. Quality culture in the construction industry [J]. Total Quality Management, 1998, 9 (4/5): 133-140.

[294] Woolery J C, Crandall K C. Stochastic network model for planning scheduling [J]. Journal of Construction Engineering and Management, 1983, 109 (3): 342-354.

[295] Xue X, Li X, Shen Q, et al. An agent-based framework for supply chain coordination in construction [J]. Automation in Construction, 2005, 14 (3): 413-430.

[296] Yano C, Gerchak Y. Transportation contracts and safety stocks for just-in-time deliveries [J]. Journal of Manufacturing and Operations Management, 1989 (2): 314-330.

[297] Yeo K T, Ning J H. Integrating supply chain and critical chain concepts in engineer-procure-construct (EPC) projects [J]. International Journal of Project Management. 2002, 20 (4): 253-262.

[298] Yin R K. Case study research: design and methods [M]. Third Edition. Thousand Oaks: Sage, 2003.

[299] Ying F, Tookey J, Roberti J. Addressing effective construction logistics through the lens of vehicle movements [J]. Engineering, construction and architectural management, 2014, 21 (3): 261-275.

[300] Zeng A Z. (2005), An optimization framework for evaluating logistics costs in a global supply chain: an application to commercial aviation industry [J]. Applied Optimization, 2004, 62: 317-341.
[301] Zhang H, Shi J J, Tam C M. Iconic animation for activity-based construction simulation [J]. Journal of Computing in Civil Engineering, 2002, 16 (3): 157-164.
[302] Xu S T. Applying ant colony system to solve construction time-cost tradeoff problem [J]. Advanced Materials Research, 2011, 179/180: 1390-1395..
[303] Zheng D X M, Ng S T, Kumaraswamy M M. Applying Pareto ranking and niche formation to genetic algorithm-based multiobjective time-cost optimisation [J]. Journal of Construction Engineering and Management, 2005, 131 (1): 81-91.
[304] Zikmund W. Business research methods [M]. Sixth Edition. Harcourt: Fort Worth, 2002.
[305] 樊骅. 信息化技术在 PC 建筑生产过程中的应用 [J]. 住宅科技, 2014, 34 (6): 68-72.
[306] 伏玉. BIM 技术在工业化生产方式的保障性住房建设中的应用与对策 [D]. 长春: 长春工程学院, 2015.
[307] 高磊. 各国装配式建筑发展情况速览 [J]. 建筑, 2016 (20): 22-23.
[308] 龚越, 方俊. 基于 BIM 技术的新型建筑工业化精益协同发展 [J]. 施工技术, 2016, 45 (18): 38-42.
[309] 黄小坤, 田春雨. 预制装配式混凝土结构研究 [J]. 住宅产业, 2010 (9): 28-32.
[310] 纪颖波, 周晓茗, 李晓桐. BIM 技术在新型建筑工业化中的应用 [J]. 建筑经济, 2013 (8): 14-16.
[311] 姬丽苗. 基于 BIM 技术的装配式混凝土结构设计研究 [D]. 沈阳: 沈阳建筑大学, 2014.
[312] 蒋勤俭. 国内外装配式混凝土建筑发展综述 [J]. 建筑技术, 2010, 41 (12): 1074-1077.
[313] 李湘洲. 国外住宅建筑工业化的发展与现状（一）——日本的住宅工业化 [J]. 中国住宅设施, 2005 (1): 56-58.
[314] 李云贵. 推进 BIM 技术深度应用, 促进绿色建筑和建筑工业化发展

[C]. 钢结构建筑工业化与新技术应用，2016：3.
[315] 刘家昌. 建筑产业现代化推广制约因素分析与措施研究 [J]. 山西建筑，2015，41 (27)：228-229.
[316] 刘帅，姜有超，孟书灵，等. BIM 技术在新型建筑工业化关键技术中的应用 [J]. 建材技术与应用，2016 (4)：43-45.
[317] 龙玉峰，焦杨，丁宏. BIM 技术在住宅建筑工业化中的应用 [J]. 住宅产业，2012 (9)：79-82.
[318] 罗志强，赵永生. BIM 技术在建筑工业化中的应用初探 [J]. 聊城大学学报（自然科学版），2015，28 (4)：56-59.
[319] 深圳市住房和建设局. 关于加快推进深圳市住宅产业化的指导意见 [EB/OL]. http：//jz. docin. com/p-1018665892. html.
[320] 深圳市住房和建设局. 深圳市装配式建筑发展专项规划（2017—2020）[EB/OL]. http：//www. sz. gov. cn/zjj/hdjl/myzj/topic/201710/P020171030441009985091. pdf
[321] 王俊，赵基达，胡宗羽. 我国建筑工业化发展现状与思考 [J]. 土木工程学报，2016 (5)：1-8.
[322] 吴利松. BIM 技术在新型建筑工业化中的应用 [J]. 中国高新技术企业，2016 (20)：117-118.
[323] 武振. 住宅建造工业化发展路径和政策措施研究 [J]. 工程质量，2014，32 (6)：8-12.
[324] 夏锋，樊骅，丁泓. 德国建筑工业化发展方向与特征 [J]. 住宅产业，2015 (9)：68-74.
[325] 肖保存. 基于 BIM 技术的住宅工业化应用研究 [D]. 青岛：青岛理工大学，2015.
[326] 赵亚军. BIM 技术在 PC 预制构件工厂建设和运营中的应用 [J]. 上海建材，2016 (2)：12-15.
[327] 朱军，陈武新. BIM 技术在建筑工业化应用中的标准问题初探 [J]. 工程建设标准化，2015 (8)：67-69.